두 여자의
셀프 인테리어

PROLOGUE

힘든 리폼, 나를 잊지 않기 위해 합니다.

한번은 "힘든 리폼을 왜 합니까?"라는 질문을 받은 적이 있어요. 그렇게 왜 할까요? 저는 평범한 주부이자 아내이며, 두 아이의 부모이고, 또 직장인으로서 나라는 존재를 잊고 살아왔었어요. 그러다 어느 순간 제 모습을 돌아보니 심리적으로 우울함에 빠져있고, 매사에 자신 없어 하는 초라한 모습이더라고요. 부모인 내가, 아내인 내가, 정신이 건강하지 못했기에 가족들이 모두 어두운 분위기였고, 엄마로서 매일매일 우울하고 자신 없어 하는 모습을 본 아이들이 '참 힘들었겠구나.'하는 생각도 하게 했던 순간이었어요.

나를 잊지 않기 위해 합니다.

우연한 기회에 리폼이라는 걸 알게 되면서 저의 인생은 점점 바뀌기 시작했어요. 집에 있던 오래된 가구들을 리폼하고, 필요한 가구를 하나둘 만들어 사용하면서 제 자신도 모르는 사이에 '나'라는 존재를 찾았고, 자신감 또한 점점 상승하고 있는 것을 느낄 수 있었어요. 긍정적으로 변하는 제 모습에 가족들도 다시 예전의 밝은 모습으로 돌아왔답니다.

집이 바뀌고, 내가 바뀌고, 가족이 바뀌니, 이보다 신나는 건 없더라고요! 하지만 리폼을 하는 사람이라면 누구나 그렇듯이 저도 처음 리폼을 시작했을 때는 신랑한테 정말 안 좋은 소리도 많이 들었어요. 그러나 지금 제 신랑은 어디에도 없을 든든한 지원군이며, 아내자랑을 많이 하고 다니는 '팔불출'이랍니다. 지금에 와서 이야기지만 제가 리폼을 조금만 더 늦게 시작했다면 아이들에게 안 좋은 영향을 주었을 거예요. 아이들이 어렸을 때 시작한 리폼. 이것이 나를 바꾸고 엄마를 바꿔준 일등공신이랍니다.

어느 누구라 할지라도 처음부터 잘하는 사람은 어디에도 없어요. 노력한 만큼 언젠가는 꼭 그 노력이 빛이 되어 다가오더라고요. 제 자신의 모습이 바뀌는 것 또한 노력이 뒤따라야 하고요. 몸은 힘들어도 리폼으로 무언가를 만들어 냈을 때의 그 만족감은 해보지 않은 사람은 절대 모르는 일이지요. 그래서 힘이 닿는 그날까지 몽실이의 리폼은 계속 될 것입니다.

이 자리를 빌려 그 동안 응원해 주시고 늘 관심 가져 주셨던 많은 분들께 진심으로 감사하다는 말씀을 전하고 싶네요.

몽실이 김정희

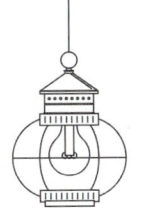 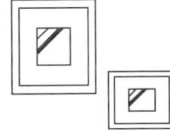  

체리색의 싱크대가 그렇게 꼴 보기 싫더라고요

13년 전, 그러니까 결혼을 하고 전셋집을 얻어 살았는데, 집주인이 갑자기 집을 팔아야 한다며 나가라고 하셔서 그냥 그 집을 덜컥 사게 되었어요. 당시 체리색이 유행이어서 싱크대도, 가구도 모두 체리색으로 도배가 되어 있었어요. 그때는 집을 꾸미는 거에 관심도 없었을 뿐더러, 직장을 다니느라 시간이 없었으니 고칠 엄두도 못 냈었죠.

그러다 첫째를 낳고, 3개월의 출산휴가를 보내고 있을 때, 살고 있는 집을 바라보니 체리색의 싱크대가 그렇게 꼴 보기 싫더라고요. 그래서 인터넷을 뒤져 싱크대 리폼에 대해서 알아보고, 싱크대 상부장을 흰색으로 페인트칠했는데 새것처럼 예뻐 보이더라고요. 지금 생각해보면 어떤 용기에서 그렇게 큰 싱크대를 리폼할 생각을 했었던 건시, 무식하면 용감하다는 말이 딱입니다. 그 일을 계기로 주방선반도 만들고, 미스트랄타일로 식탁 리폼도 하면서 저의 리폼&DIY&셀프 인테리어가 시작되었어요.

그 후로도 직장을 다니면서 퇴근 후 아이를 재우고 페인트칠을 하고, 아이가 깨면 업고 톱질하고, 드라이버로 피스를 박아가며 가구를 만들었어요. 만든 완성작을 보면 직장에서의 피로와 그 동안의 고생이 다 사라져 힐링이 되었어요. 또 어쩌면 「수선화네 나무야 노올자」 라는 네이버 블로그에 그 과정을 담아 올리면 쏟아졌던 이웃님들의 칭찬에 힘을 입어 더 열심히 했는지도 모르겠네요. 덕분에 파워블로거라는 타이틀도 얻게 되었고, 그 열정이 13년이 지난 지금까지 이어져 이렇게 제가 책을 선보이게 되었네요.

두 아이가 어렸을 적 27평의 30년 된 지금의 아파트에 이사 오게 되었는데, 어느덧 그 아이들이 자라서 자신의 방을 원하더군요. 헌데 옛날 집이라 공간이 좁아 기성가구로는 아이와 제가 원하는 방을 만들어 줄 수가 없었어요. 그래서 퇴근 후 시간이 날 때마다 방 크기에 맞는 가구를 직접 만들었고, TV를 없애 온가족이 함께할 수 있는 거실, 워킹맘도 즐길 수 있는 카페 같은 주방, 편히 쉴 수 있는 침실도 꾸몄습니다. 오래된 집이지만 우리 가족이 편히 쉬면서 아이들과 대화를 할 수 있는, 기왕이면 보기에도 좋은 집을 만드는데 주력했답니다.

저는 가구 만들기나 뜨개를 배워본 적이 없어요. 그래서 다른 전문가처럼 멋진 디자인을 보여드릴 순 없지만, 이 책을 통해 기본을 익혀 다양한 작품으로 보다 더 예쁘게 집을 꾸미고, 생활에 필요한 가구 제작이나 폐품 재활용으로 집 꾸미기에 자신감을 가지셨으면 하는 마음으로 책을 썼어요. 초보의 셀프 인테리어, 결코 어렵지 않거든요.

끝으로 이 자리에서 고마운 마음을 전하고 싶어요. 아내의 집 꾸미기를 묵묵히 지켜봐주고 부탁을 서슴지 않고 도와주는 신랑, 엄마는 못하는 것이 없다면서 늘 자랑스러워하는 사랑하는 윤아와 영우! 그리고 옆에서 응원해주는 친정엄마, 그 외 가족과 지인 분들. 그리고 항상 함께해주는 네이버 블로그의 이웃님께도 큰 감사의 마음을 담아봅니다. 이분들이 아니었으면 직장 다니면서 이런 취미생활을 못 했을 거예요. 모두모두 사랑합니다.

수선화 윤순자

CONTENTS

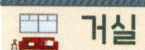

거실

몽실이

가족의 웃음이 피어나는 거실인테리어

수선화

TV를 없애자! 서재 같은 거실인테리어

몽실이

카페다운 주방인테리어

수선화

블랙 & 우드의 주방인테리어

아이방

몽실이

엄마의 특별한 리폼 남자아이방 꾸미기

수선화

좁은 아이방, 벙커침대를 활용하여 효율적으로 꾸미기

안방

몽실이
미니멀리즘 침실인테리어

수선화
뜨개로 꾸며서 더 감각적인 침실!!

"집이 바뀌고, 내가 바뀌고, 가족이 바뀌니, 이보다 신나는 건 없더라고요!"

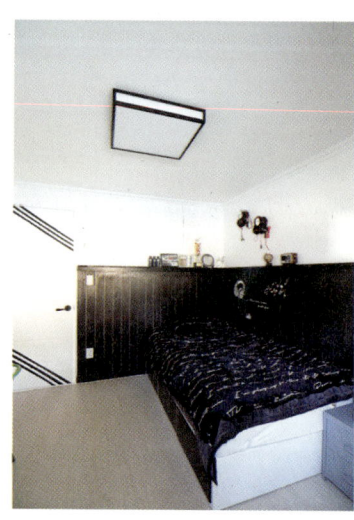

몽실이

"아이들이 어렸을 때 시작한 리폼, 이것이 나를 바꾸고 엄마를 바꿔준 일등공신이랍니다."

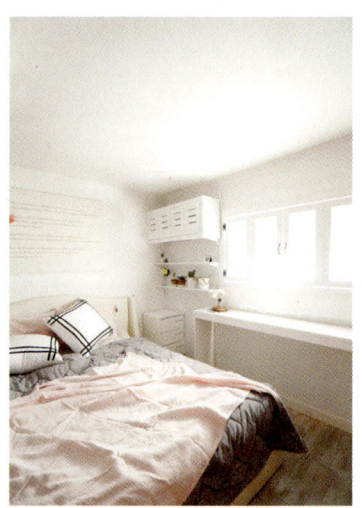

싱크대 상부장을 흰색으로 페인트칠했는데 새 것처럼 예뻐 보이더라고요.

수선화

완성작을 보면 직장에서의 피로와 그 동안의 고생이 다 사라져 힐링이 되었어요.

두 여자의 셀프 인테리어

***

기본설명

셀프&리폼 인테리어에 필요한
기초상식

페인트 광도로 알아보는 벽지용/가구용 구별 방법

벽지용 페인트 : 무광Flat, 벨벳광Velvet, 계란광Eggshell을 가지고 있는 페인트가 좋아요.
가구용 페인트 : 저광Low-sheen, 반광Semi-Gloss을 가지고 있는 페인트가 좋아요.

무광(Flat) : 광도가 거의 없는 무광 페인트

※ 주의할 점
광도가 없는 관계로 쉽게 더러워지고 얼룩이 생길 수 있으며 청소가 어려워 자주 사용하는 곳의 벽은 피하는 것이 좋다.

 주로 벽지용으로 많이 사용하는데, 천장에 사용하면 더욱 좋아요.

벨벳광(Velvet) : 무광페인트와 거의 흡사한 광도의 페인트

 각도에 따라 약간의 광이 보이고 무광보다 청소하기가 편해요.

계란광(Eggshell) : 계란껍질과 같이 은은한 광을 띄는 페인트

※ 참고사항
무광, 벨벳광, 계란광 페인트는 벽지용으로 많이 사용하는 페인트다.

 무광과 벨벳보다 얼룩에 대한 저항이 높아서 청소하기에 좋아요.

저광(Low-sheen) : 가구 리폼용으로 사용하는 페인트

* 참고사항
눈의 피로도 덜하면서 외부로부터 더러워지는 것을 최대한 막아, 깨끗하게 오래 사용할 수 있다.

 요즘에는 어떤 장소든지 가구든지 광범위하게 저광페인트를 사용하는 편이에요.

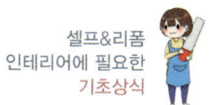

반광(Semi-Gloss) : 광택이 잘 보이고 얼룩에 대한 저항이 강함
고광(Gloss) : 유리같이 반짝이는 광택. 고급스러운 느낌

* 참고사항
자주 걸레질을 하는 곳에 사용하면 좋으며, 보통 욕실이나 주방에서 사용하기에 적합하다.

 반광과 고광의 경우는 얼룩에 강해 청소가 쉬워서 습기가 발생하는 욕실이나 베란다, 현관문에 사용하면 좋아요.

젯소(또는 프라이머) : 실내외겸용 다목적 젯소

* 사용 예
몰딩, 싱크대, 코팅이 된 표면, 실크벽지, 플라스틱 재질, 콘크리트 벽면, 철재, 가구 등

젯소를 사용하면 페인트의 접착력이 높아지고 페인트 색이 더 선명해져요. 또한 별도로 사포질을 하지 않아도 돼요.

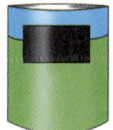

우드스테인 : 건조가 빨라 목재가구를 만들 때 사용

* 주의사항
표면이 시트지나 필름지, 페인트나 바니쉬 등으로 마감된 가구에는 적합하지 않다.

목재표면에 스테인을 흡수시키면 결들이 살아나 목재표면을 더욱 멋스럽게 만들어요.

바니쉬 : 표면에 오염되는 것을 막기 위한 마감재

* 참고사항
수성바니쉬는 냄새도 거의 없고 건조가 매우 빨라서 사용하기 좋아요.

 광도가 낮은 페인트나 우드스테인을 사용했을 경우 외부로부터 오염되는 것을 막을 수 있고, 걸레질도 가능해요.

페인트양 계산 방법
페인트양의 산출은 초벌작업이 되어있는 상태나 벽지 위에 칠할 때의 기준량이다.

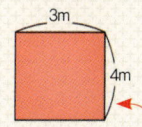
3m
4m

면적계산법
예시 가로 3m × 세로 4m = 12m²
평수로 바꾸는 방법 = 1평 3.3m²이다.
따라서 12m² ÷ 3.3m² = 3.63평이다.

 사람마다 다 다르듯 페인트의 양도 칠하는 사람에 의해서 적게 사용되기도 하고 더 많이 사용되기도 해요.

페인트 2회 칠 기준량

앞   뒤

1L. 문틀을 제외한 방문(앞, 뒷면) 두 작을 칠할 수 있다.

2L. 방문 + 문틀 3개를 칠할 수 있다.

X6

IGA(약 3.8L). 10~12평을 칠할 수 있다.
방문 + 벽 6면을 칠할 수 있다.
작은방 벽 4면을 칠할 수 있다.

벽지 위 페인트칠하기

🪣 *Interior Set*

벽지용페인트, 붓, 롤러, 트레이, 커버링테이프, 마스킹테이프

🖌️ *Interior Talks*

1. 페인트를 칠하고자 하는 벽에 놓아둔 가구나 소품들을 치우고 벽면을 깔끔하게 정리하여 준비한다.
2. 칠하고자 하는 벽면 바닥몰딩 위로 커버링테이프를 붙여 바닥에 페인트가 떨어지지 않도록 한다.

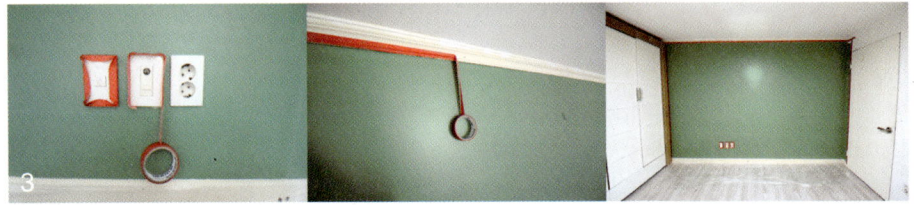

스위치와 콘센트, 천장몰딩 등 페인트가 묻지 말아야 하는 부분에 마스킹테이프를 붙인다.

🐶 기초 보양작업(테이프작업)을 꼼꼼하게 해야 페인트를 보다 편하고 실수 없이 칠할 수 있어요.

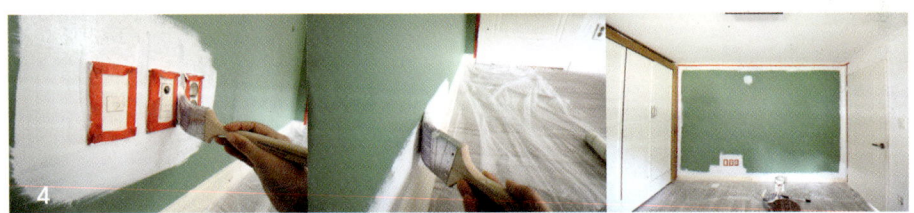

4. 붓으로 스위치와 콘센트, 몰딩 등 롤러가 닿지 않는 좁은 면적에 젯소를 칠한다.

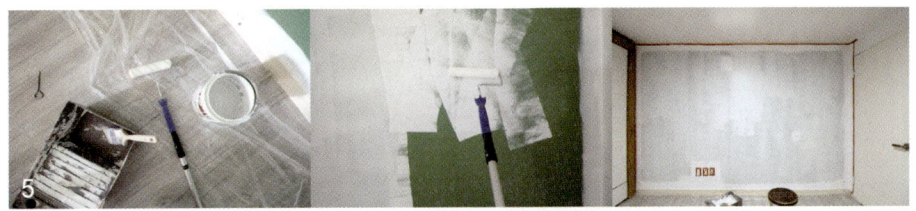

5. 넓은 면적에 롤러로 젯소칠한다. 1회 젯소칠 후 2~4시간 이상 건조한다.

날이 습하고 기온이 높은 여름에는 더 오래 건조해야 해요. 덜 건조된 상태에서 재칠을 할 경우 끈적임이 생길 수 있기 때문에 선풍기나 제습기, 에어컨 등으로 완전히 건조해 주세요.

6. 젯소가 완전히 마르면 벽지용 페인트를 칠한다. 젯소칠 작업과 마찬가지로 붓으로 롤러가 닿지 않는 좁은 면적을 먼저 칠하고, 넓은 면적을 롤러로 칠하면 된다. 페인트를 2회 칠하면 원하는 색상의 벽면을 얻을 수 있다.

7. 벽지용 페인트칠을 완료한 후 마스킹테이프와 커버링테이프를 뗀다.

간혹 테이프를 땔 때 벽지가 같이 떨어지는 경우가 있는데, 이럴 경우 커터칼로 테이프 위를 그은 후 떼면 벽지가 떨어지는 것을 방지 할 수 있어요.

벽지 위 퍼티(핸디코트) 바르기

퍼티를 벽지 위에 바르는 이유는 나중에 벽을 없애고 싶을 때 벽지만 떼면 쉽게 제거할 수 있기 때문이에요. 단, 실크 벽지처럼 테두리만 접착되어 있는 벽지는 퍼티의 무게 때문에 떨어질 수 있으니 벽 전체에 풀을 발라 사용하는 합지 벽지에만 사용하는 게 좋아요. 참고로 합지벽지라도 노화로 인해 군데군데 떨어진 부분이 있는 곳엔 갈라짐의 상태가 더 심해지기도 하니 참고하세요.

🥫 *Interior Set*

퍼티(핸디코트), 물, 철 또는 고무헤라, 페인트, 붓, 롤러

🖌 *Interior Talks*

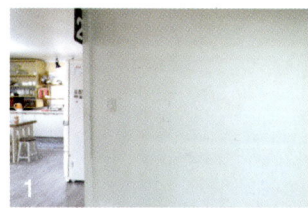

1. 벽지 위를 깔끔하게 정리한다.
2. 분말로 된 퍼티에 적당량의 물을 부어 벽에 바르기 편한 농도로 치댄다.
   친환경 퍼티인지 확인하고, 내부용인지 외부용인지도 꼭 확인하세요.

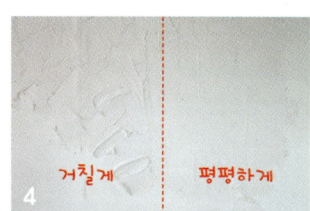

3. 철헤라나 고무헤라를 사용하여 벽에 거칠게 칠한다.
4. 퍼티를 바르는 방법은 두 가지다. 거칠게 발라도 되고, 평평하게 펴 발라도 된다.
   퍼티의 특성상 완전히 평평하게 바르기는 어려워요. 조금씩 헤라자국이 남을 수밖에 없어요.
5. 벽지 위에 거칠게 퍼티작업을 끝내고 하루 정도 건조한다. 두께에 따라 하루 이상을 건조하기도 한다.

6. 퍼티가 완전히 마르고 나면 붓과 롤러를 사용해 페인트를 2회 칠한다.
   퍼티를 바르고 그대로 두면 퍼티의 가루가 떨어지는데, 깨끗하게 사용하기 위해서는 페인트칠을 하는 게 좋아요. 또한 칠을 하고 나면 갈라짐을 어느 정도 방지할 수 있어요.

벽이나 가구를 스텐실로 꾸미기

 *Interior Set*

스텐실도안, 스텐실붓, 아크릴물감, 마스킹테이프, 티슈 및 종이

Interior Talks

1. 먼저 스텐실도안을 원하는 위치에 올리고 흔들리지 않도록 마스킹테이프로 고정한다.
2. 티슈나 종이에 아크릴물감을 적당량 덜어둔다.

3. 스텐실붓에 아크릴물감을 묻혀 종이 위에 톡톡 여러 번 두드려 물감의 양을 조절한다.
4. 물감이 적당히 묻은 스텐실붓으로 도안 위를 톡톡 두드리면서 모양을 찍는다.
5. 꼼꼼히 찍은 후 도안을 떼면 완성이다.

스텐실도안은 리폼쇼핑몰에서 쉽게 다양한 도안을 구할 수 있어요.
스텐실붓을 사용할 때는 바짝 마른 상태의 붓을 사용하고, 수분이 많은 물감보다는 수분이 다소 적은 아크릴
물감을 사용하는 것이 번짐을 방지할 수 있어요.

필요한 도구 및 공구 알고 시작하자

Reform Tool

1. 전기타카 : 목재를 연결할 때 사용한다. 보통 나일러 타
   카를 사용한다.
2. 직소 : 목재를 직선이나 곡선으로 자를 때 사용한다.
3. 해머드릴 : 콘크리트 벽에 구멍을 뚫을 때 사용한다. 일
   반 드릴보다 힘이 세다.
4. 사포용샌더 : 사포를 끼워서 사용하며 간단한 샌딩을
   할 때 유용하다. 전기 없이 사용한다.
5. 클램프 : 목재를 자르거나 조립할 때 잡아주는 역할을
   한다.
6. 목공용본드 : 가구나 소품 조립 시 목재를 붙일 때 사용
   한다.
7. 충전용드릴 : 충전해서 무선으로 사용하며, 기리로 구
   멍을 뚫거나 피스를 박을 때 사용한다.
8. 전동샌더 : 목재의 표면을 부드럽게 하거나, 각진 부분
   을 다듬을 때 사용한다. 먼지가 많이 나서 실내에서 사
   용하기엔 무리가 있다.

9, 10. 자, 줄자 : 길이를 잴 때 사용한다.
11. 피스, 못 : 목재를 연결할 때 사용한다. 목재의 두께에
    따라 다양한 길이로 사용되니, 우유곽이나 페트병을
    잘라 분리해서 보관하면 좋다.
12. 메꿈이 : 피스 박은 자리를 감추거나, 목재가 패인 곳
    을 감출 때 사용한다. 메꿈이를 사용하고, 사포로 표면
    을 반듯하게 샌딩한 후 페인팅하면 된다.
13. 망치 : 못을 박을 때 사용한다.
14. 기리 : 구멍을 뚫을 때 사용한다.
15. 이중기리 : 피스를 박을 때 피스머리가 쏙 들어가 보이
    지 않도록 이중으로 뚫는다.
16. 실리콘, 실리콘건 : 유리나 플라스틱, 아크릴 등의 테
    두리를 메울 때나, 목재를 벽에 붙일 때 사용한다. 다
    양한 종류가 있으니 용도에 따라 골라 사용한다.
17. 톱 : 목재를 자를 때 사용한다.

Painting Tool

1. 페인트 : 색을 입힐 때 사용한다. 실내용, 실외용, 가구용, 벽지용 구분해서 사용한다.

2. 젯소 : 코팅된 재료에 페인트를 칠하기 전에 사용한다. 페인트의 접착력을 높인다.

3. 페인트붓 : 페인트를 칠할 때 사용한다.

4. 페인트롤러 : 벽이나 가구 등 넓은 면을 페인트로 칠할 때 사용한다.

5. 마스킹테이프 : 페인트를 칠하거나 실리콘을 사용할 때 경계선을 깔끔하게 마감하기 위해 사용한다.

6. 커버링테이프 : 마스킹테이프에 비닐이 연결되어 있어 벽에 페인트를 칠할 때 보양작업으로 사용한다.

7. 쫄대 : 천장이나 높은 벽처럼 손이 닿지 않는 곳을 칠할 때 롤러에 연결하여 사용한다.

8. 트레이 : 페인트를 덜어 롤러를 이용해 칠할 때 사용한다.

석고보드, 콘크리트, 타일 벽에 피스나 못 박는 방법

벽에 못을 박을 때 벽의 종류에 따라 못을 박는 방법이 달라요. 손으로 두드려봤을 때 통통 나무판자 치는 소리가 나면 석고보드, 시멘트벽 치는 소리가 나면 콘크리트, 그리고 타일 벽이 있어요. 이번에는 벽의 종류에 따라 못을 박는 방법을 소개해 드릴게요.

1) 석고보드

 Interior Set

석고앙카, 드라이버

Interior Talks

1. 석고앙카와 드라이버를 준비한다. 석고보드에 그냥 피스나 못을 박으면 헐거워져 금방 빠지는 경우가 있다. 이럴 땐 석고앙카를 사용하면 튼튼하게 고정할 수 있다.
2. 석고앙카와 피스는 세트다. 석고앙카를 먼저 박고, 그 안에 피스를 고정한다.

 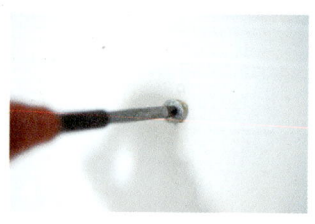 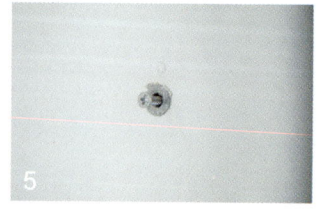

3. 석고보드 벽에 구멍을 뚫을 예정이다.
4. 먼저 드라이버를 사용해 석고앙카로 벽을 조심조심 뚫는다. 드릴을 이용할 경우에는 아주 약하게 살살 돌려야한다. 안 그러면 아주 쏙 들어가 버릴 수 있다.
5. 잘 박힌 석고앙카 안에 피스를 박으면 끝이다.

6. 석고벽에 튼튼하게 피스를 박았다. 위의 파이프선반도 같은 방법
   을 이용해 달아서 튼튼하게 설치할 수 있었다.

2) 콘크리트 벽

 Interior Set

헤머드릴, 망치, 칼브럭, 피스

Interior Talks

1. 콘크리트 벽은 아주 단단해서 일반 드릴로는 박기 어렵다. 이럴 땐 해머드릴을 사용하는데, 해머드릴은 드
   릴기능에 망치처럼 앞뒤로 내리치는 힘이 더해져 일반 드릴보다 더 힘이 세다.
2. 해머드릴로 뚫은 구멍 안에 플라스틱 칼브럭을 꽂고, 그 안에 피스로 고정하는 방식이다.
3. 정리수납장 위에 구멍을 뚫을 예정이다.

4. 뚫고자 하는 위치 아래에 먼지를 받을 수 있는 종이를 붙인다.

 해머드릴로 구멍을 뚫으면 소음이 생기고 꽤 많은 먼지가 떨어져요. 때문에 반드시 대낮에 작업하고,
먼지를 모으기 위해 구멍아래에 종이를 붙이거나 다른 사람과 함께 작업한다면 청소기를 밑에 대고
하세요.

5. 피스를 박고 싶은 자리에 해머드릴을 양손으로 잡고 칼브럭의 깊이만큼 드릴링한다.
6. 뚫은 구멍에 망치로 칼브럭을 콩콩 박는다.

7. 잘 박힌 칼브럭 안에 피스를 박는다.

8. 피스가 단단하게 잘 박혔다.

9. 잘 박힌 피스에 액자나 달력 등을 걸면 완성이다.

3) 타일 벽

 Interior Set

드릴(해머드릴), 칼브럭, 피스, 청테이프

Interior Talks

1. 드릴(해머드릴), 칼브럭, 피스, 청테이프를 준비한다. 타일에 못을 박을 때는 자칫 전체타일이 깨지는 경우
   가 있다. 때문에 구멍을 뚫고 싶은 타일 위에 청테이프를 두세 겹 붙이고 뚫으면 타일이 깨지는 확률을 줄
   일 수 있다.

    일반드릴로도 뚫리는 타일이 있는가 하면, 해머드릴로 뚫어야하는 타일도 있더라고요. 만약 일반드릴
   로 안되면 해머드릴을 사용해 뚫어주세요.

2. 집에 큰 타일의 벽이 없어서 작은 모자이크 타일 중앙에 시험적으로 뚫을 예정이다.

3. 구멍 뚫을 곳에 청테이프를 두세 겹 겹쳐서 붙이고, 타일아래에 떨어진 가루가 모일 수 있도록 종이를 붙
   인다.

 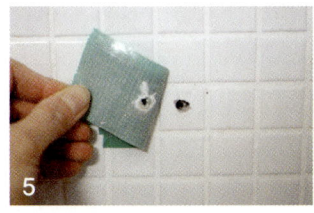 

4. 청테이프 위로 해머드릴을 이용해 천천히 드릴링한다.

 해머드릴은 소음이 심하니 반드시 대낮에 사용하세요.

5. 구멍을 뚫고 나서 붙여놓은 청테이프를 살살 떼면 타일이 깨지지 않은 것을 확인할 수 있다.

 이렇게 해도 간혹 깨지는 경우가 있어요. 타일에 구멍 뚫는 것은 정말 꼭 필요할 때만 시행하세요.

6. 깔끔하게 뚫은 구멍에 칼브럭을 먼저 박는다.

7. 칼브럭 안에 피스를 박으면 완성이다.
8. 이제 원하는 물건을 걸면 된다.

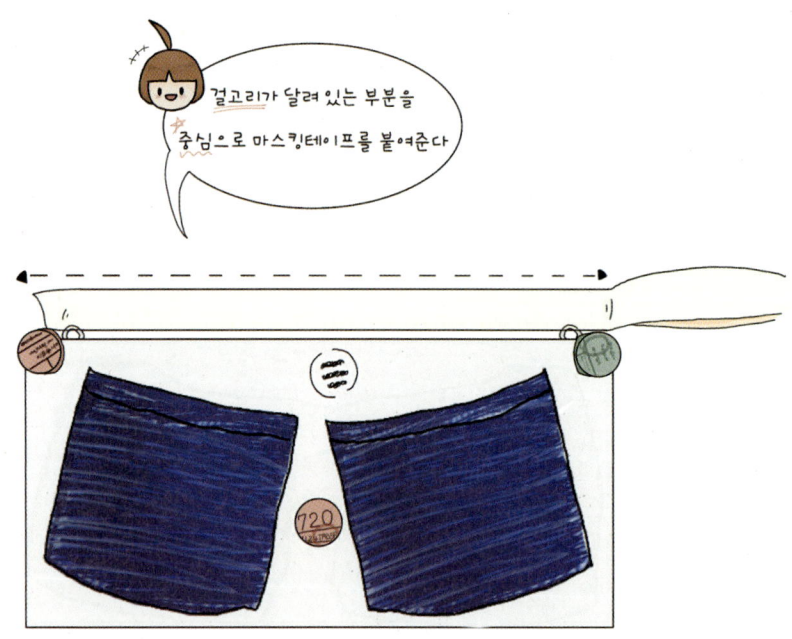

표시된 마스킹테이프를
벽에 붙여준다

마스킹테이프에 표시해놓은곳을
잘보이도록 다시 표시를한다

마무리는 표시해놓은곳에
피스작업을 해주면 된다

…끝!

기초작업

두 가지 장판 깔기

1) 한 줄 한 줄 깔기 좋은 데코장판 깔기

장폭의 장판은 살림살이나 가구를 모두 없앤 후 작업을 해야 수월하지만, 데코장판은 살림살이나 가구를 없애지 않고도 작업이 가능한 장판이에요. 또한 따로 장판용 본드가 필요 없는 접착식 장판으로 쉽게 깔 수 있어요.
데코장판은 한 롤 당 1평을 시공할 수 있어서 방의 평수만 제대로 안다면 구입하기도 매우 편리해요.

🎨 *Interior Set*
데코장판, 줄자, 자, 커터칼, 마른걸레(혹은 밀대), 실리콘

🖌 *Interior Talks*

1. 기존 사용하던 오래되고 여기저기 찍힌 장판을 걷어내고, 시공할 바닥면을 깨끗이 청소 한다.

   저희 집은 방문의 턱이 낮아서 가구를 치운 후 기존 장판을 걷어냈지만, 기존 장판 위에 시공할 경우 가구를 치우지 않아도 무방해요.

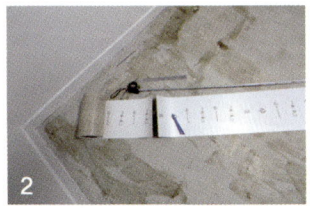

2. 장판을 붙일 길이를 줄자로 잰
   후, 장판을 재단해 준비한다.

3. 후면 스티커 보호지를 조금씩 벗기면서 바닥에 붙인다. 마른걸레나 밀대로 잘 문질러 주면 좀 더 쉽게
   작업을 할 수 있다.

몰딩과 맞닿은 부분을
실리콘으로 마무리

4. 장판을 다 깐 후, 몰딩과 맞닿는 부분의 상판을 자와 칼을 사용하여 깔끔하게 정리한다. 끝부분을 실
   리콘으로 마무리하면 더욱 깔끔하게 완성된다.
5. 장판을 바꾸니 방 분위기가 더 환해지고 넓어 보인다.

2) 장폭의 일반장판 깔기

장판은 벽지와 함께 집 꾸미기의 기본이에요. 장판이 오래되어 낡아 찢어지고, 움푹 파인 데가 많아서 교체하려고 하
는데, 전문업체에 의뢰해보니 만만치 않은 시공비 때문에 결정이 쉽지 않더라고요. 그래서 이번에 직접 장판을 바꿨어
요. 시간도 그리 많이 걸리지 않고 쉽게 할 수 있었어요. 장판도 인터넷 쇼핑몰에서 판매하기 때문에 택배를 이용하면
집에서 쉽게 받아 볼 수 있답니다.

🥫 *Interior Set*

장판(LG하우시스 뉴청맥 1.8cm 모노륨 장판), 커터칼, 줄자, 자, 장판본드, 메꿈이, 메꿈이통, 헤라, 걸레

🖌 *Interior Talks*

1. 원래 깔려 있던 장판이 얇아서 따로 걷어내지 않고, 그 위에 바로 시공하려고 한다.
2. 전에 있던 장판의 가장자리를 칼로 자른다.
3. 기존 장판 위에 깔기 때문에 먼지나 오물을 깨끗이 제거하고, 걸레로 닦는다.

4. 방의 가로와 세로 길이를 재서 방의 크기에 맞게 m단위로 주문한다. 이번에 사용한 장판은 LG하우시스 뉴청맥 1.8cm 모노륨 장판으로, 방 크기보다 사방으로 10cm 이상의 여유를 주고 주문하는 것이 좋다.

5. 장판본드와 메꿈이, 메꿈이통, 헤라를 준비한다. 장판본드는 장판의 가장자리를 붙일 때, 메꿈이는 방 가운데와 장판이 겹치는 부분에 사용한다.

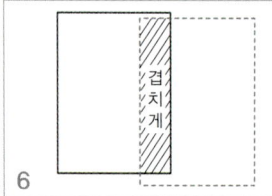

6. 방 크기가 가로 280cm, 세로 230cm라 폭 183cm 장판을 5m 주문했다. 반을 나눠서 세로로 붙일 예정이다.

7. 장판의 위와 좌, 우를 접어 장판을 깔 위치에 가까이 둔다. 장판을 붙일 곳에 장판본드를 짜고, 헤라로 얇고 넓게 편다.

8. 접었던 장판 가장자리를 펴고, 걸레로 문지르면서 붙인다. 이때 수평을 맞춰서 붙이도록 한다.

9. 커터칼 뒷부분을 이용해 장판의 가장자리를 꾹 누르면 방 모서리가 각이 진다.

10. 반대편도 같은 방법으로 장판을 깐다.

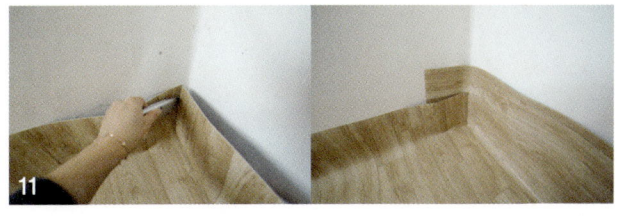

11. 장판이 겹치는 모서리는 커터칼로 세로로 자르고 정리한다.
12. 방문 틀 높이에 맞게 칼로 장판을 자른다.

13. 그 외의 벽에 남는 장판은 자를 이용해서 3cm정도 여유를 두고 잘라낸다.
14. 마지막으로 방 가운데 겹친 부분을 잘라야한다. 겹치는 부분을 자와 칼을 이용해서 힘을 꽉 주고, 두 장의 장판을 모두 자른다.
15. 가운데 장판을 들어 본드를 잘 펴서 바르고, 걸레로 밀면서 붙인다.

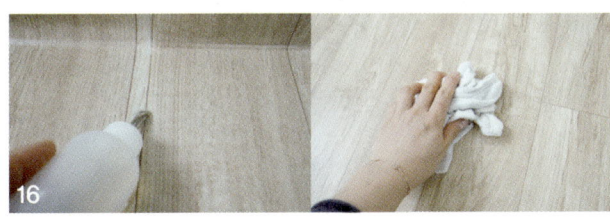

16. 메꿈이를 통에 덜어서 사용한다. 가운데 자른 장판과 장판사이를 메꿈이로 붙인다. 새어나온 메꿈이는 젖은 걸레로 닦아낸다.
17. 장판을 밝은 브라운색으로 바꾼 후 방이 훨씬 아늑해졌다.

벽 목재로 꾸미기

1) 저렴해서 좋아! 미송패널 붙이기

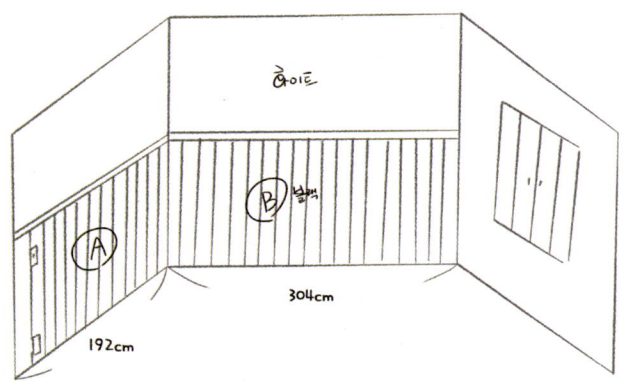

벽 : 옹이패널 4.8T × l0cm × l50cm = 49개
허리몰딩 : Ⓐ 미송집성목 l5T × 5cm × l30cm = l개
　　　　　　　　　　　　　　　　 60cm = l개
　　　　　Ⓑ 미송집성목 l5T × 5cm × 300cm = l개 (또는 l50cm = 2개)

선반: Ⓐ 미송집성목 l8T × l0cm × l82cm = lEA
　　　Ⓑ 미송집성목 l8T × l0cm × l50cm = 2EA

연습장에 나만의 도면을 그려 벽의 사이즈를 실측한다. 실측한 사이즈를 참고하여 사용할 나무를 정한 후 나무의 두께, 폭, 길이를 정해 절단서비스를 해주는 리품사이트에서 나무를 주문한다.
직접 톱질을 하지 않고 사이즈만 정확히 측정하여 절단서비스로 나무를 주문하는 것이 편리하다.

여기에서 사용한 나무는 얇은 옹이패널(4.8T) 폭 l0cm, 길이 l50cm와 미송집성목(l5T) 폭 5cm를 사용했어요.

벽지 위에 옹이패널을 붙이기 전에 스위치커버와 콘센트커버를 송곳이나 일자드라이버를 이용하여 제거한다.

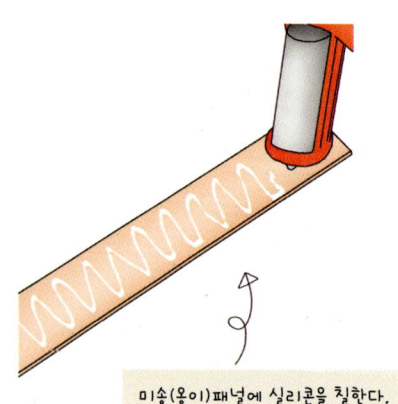

미송(옹이)패널에 실리콘을 칠한다.

제가 사용한 실리콘은 유성이 아닌 수성실리콘이라 냄새가 거의 없어요. 유성실리콘은 페인트를 칠했을 경우 벗겨짐이 있는데, 수성실리콘은 수성페인트로 칠해도 벗겨짐이 없어 깔끔해요.

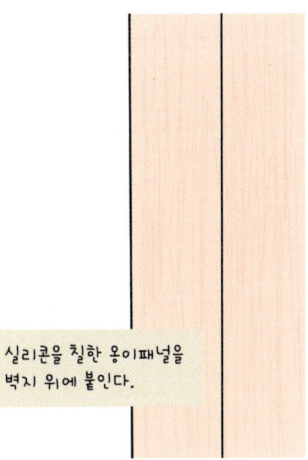

실리콘을 칠한 옹이패널을
벽지 위에 붙인다.

벽에 붙인 옹이패널 위에 전기타카를 이용해 더 확실하게
붙인다. 못과 망치를 사용해도 무방하다.

저희 집은 벽면이 석고보드로 되어있어서 전기타카로 고정이
가능하지만, 콘크리트 벽이라면 실리콘과 글루건, 양면테이프를 사용
하면 돼요.

스위치, 콘센트 쪽은 옹이패널을
붙이지 않고 남겨둔다.

스위치와 콘센트 부분의 위치와 사이즈를 꼼꼼히 잰다.

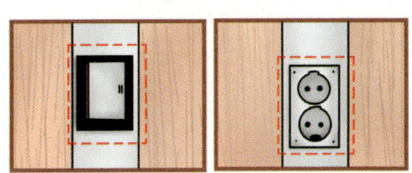

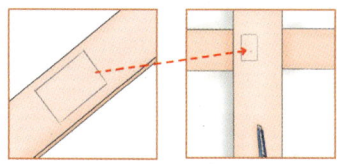

위치와 사이즈를 확인해 옹이패널 위에 연필로 표시하고 실제 크기보다 작게 커터칼로 몇 번 긋는다. 절대 절단부위가 스위치 크기와 같거나 크면 안 된다.

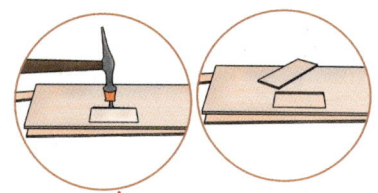

커터칼로 몇 번 그어놓은 부분을 중심으로 일자드라이버와 망치로 찍으면 표시한 만큼의 옹이패널이 떨어진다. 단면은 커터칼을 이용해 깔끔하게 마무리 한다. 직소기가 있다면 더 수월하다.

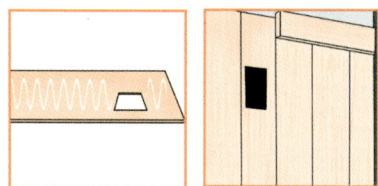

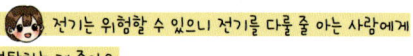

집의 전기차단기를 내리고 스위치와 콘센트부분을 모두 제거한 후 옹이패널에 실리콘을 칠하고 벽에 붙인다. 단단하게 붙인 후 스위치와 콘센트를 연결한다.

전기는 위험할 수 있으니 전기를 다룰 줄 아는 사람에게 부탁하는 게 좋아요.

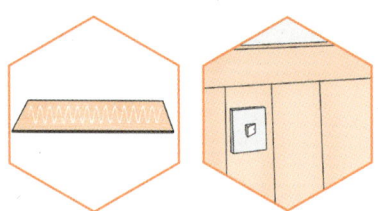

허리몰딩으로 사용할 목재에 실리콘을 칠하고 옹이패널 위에 붙인다. 전기타카를 이용해 마무리한다.

콘크리트 벽이라면 허리몰딩까지 얇은 미송옹이패널을 이용하는 것이 시공하기에 더 수월해요.

완성

TiP

옹이패널의 휨 현상을 최소화하는 방법

1. 드라이기의 열로 휜 부분을 편다.
2. 패널 뒷면에 커터칼로 엑스자(x)를 그리듯 칼집을 낸다.

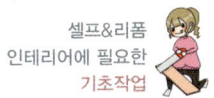

2) 아늑한 느낌이 좋아! 원목루바 붙이기

아이 방 한쪽 벽에 루바를 시공했어요. 아이의 침대가 들어갈 자리라 좀 더 포근하고 아늑한 느낌이 들도록 벽에 원목을 덧대기로 결정했거든요.

원목루바는 미송패널 시공보다 가격은 더 비싸지만 원목이라 친환경적이고 습도조절도 돼요. 특히 나무가 주는 고유의 향 때문에 집중력향상에도 도움을 준다고 하니 아이 방에 딱이죠? 시공방법도 쉬운 편이라 벽 인테리어 마감으로 셀프 인테리어에서 많이 사용하고 있어요.

그럼 지금부터 30분 만에 시공할 수 있는 루바 시공방법을 자세히 설명해드릴게요.

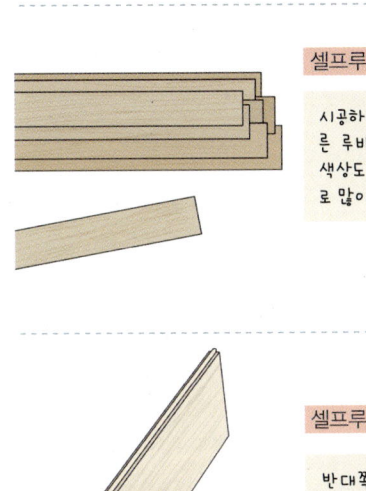

셀프루바 01

시공하려는 스프러스 루바는 다른 루바에 비해 옹이도 작고 색상도 밝은 편이라 일반적으로 많이 사용한다.

셀프루바 02

루바는 서로 끼워서 연결하는데, 한쪽 면은 홈이 파여 있고

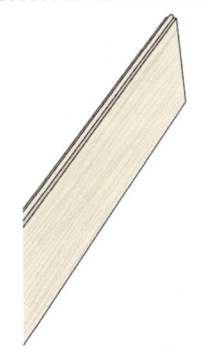

셀프루바 03

반대쪽은 홈에 끼울 수 있게 튀어나와 있다.

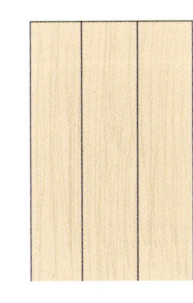

셀프루바 04

이렇게 양쪽을 차례차례 끼워서 벽면에 붙이면 된다.

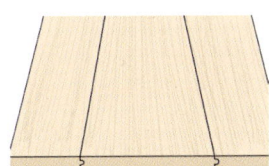

셀프루바 05

이런식으로 홈에 끼워지는 형식이 루바다.

 어때요. 참 쉽죠?

셀프루바 06

먼저 루바를 주문하는 방법이다.
붙이려는 방의 가로길이를 실측한다.
스프러스 루바는 보통 폭이 12cm인데,
홈이 끼워지는 쪽을 제외하면 11.2cm다.
때문에 방의 가로길이 ÷ 11.2cm의 답을
올림해서 주문하면 된다.
가령 벽면 총길이가 300cm라면
300cm ÷ 11.2cm = 26.7857cm
총 27장을 주문하면 된다.
(남은 부분은 쇼핑몰에서 길이 절단을
부탁하면 잘라주기도 한다.)
여기에 원하는 높이로 주문하면 끝!

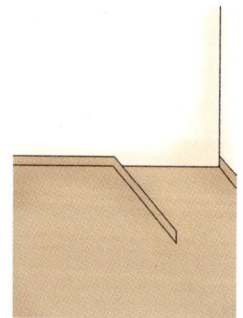

셀프루바 07

벽과 바닥에 딱 붙여 시공할 계획이기 때문에 걸리적거리는 장판은 자르는 것이 좋다.

셀프루바 08

루바 4~5개 정도를 미리 홈에 끼워 잘 맞추고

셀프루바 09

파텍스 접착제나 실리콘을 간격을 두고 군데군데 쏜다.

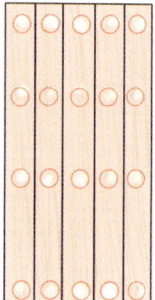

셀프루바 10

이 위치에 실리콘을 쏜다.

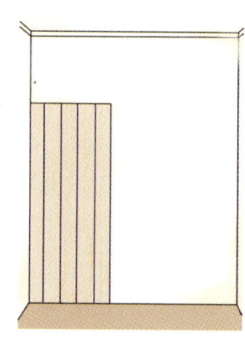

셀프루바 11

파텍스 접착제를 바른 루바를 그대로 들고 벽에 붙인다.

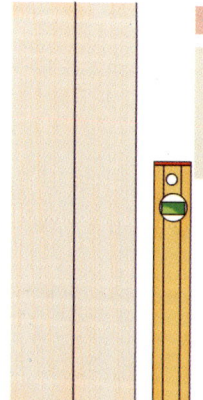

셀프루바 12

수직으로 정확하게 붙여야하기 때문에 수평자를 이용해서 잘 맞춘다. 요즘엔 어플도 잘 나와 있으니 맞게 활용하면 된다.

셀프루바 13

파텍스 접착제나 실리콘은 완벽히 마르는데 24시간 이상이 걸리기 때문에 먼저 고정하기위해 전기타카를 쓰는 게 좋다. 만약 타카가 없다면 못을 박아도 상관없다.
이 벽은 석고보드라서 전기카타나 못으로 고정이 되지만 콘크리트 벽인 경우에는 루바에 파텍스를 먼저 바르고 글루건을 바른 후, 재빨리 벽에 붙이는 방법이 있다.
석고보드의 벽인 경우에도 파텍스와 글루건을 이용한 시공이 가능하다.

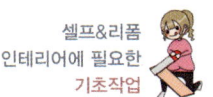

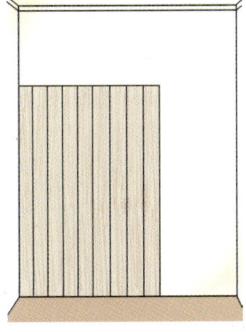

셀프루바 14

한꺼번에 많은 양을 시공하려 하지 말고 4~5개씩 끼워서 붙이면 작업이 훨씬 수월하다. 잘 안 끼워질 경우에는 고무망치를 이용해서 살살치면 잘 들어가니까 너무 억지로 끼울 필요는 없다.

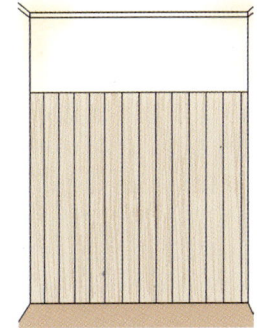

셀프루바 15

한쪽 벽면에 루바를 모두 붙였다.

셀프루바 16

이제 루바의 윗면을 정리하기 위해 허리몰딩을 붙일 것이다.

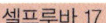

셀프루바 17

허리몰딩의 단면을 보면 한쪽 면에 ㄴ자로 홈이 나 있다.

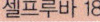

셀프루바 18

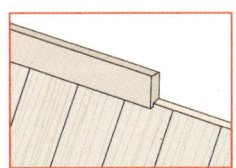

루바를 시공하고 나서 위쪽 부분을 깔끔하게 마감하는 것인데, 위쪽에 붙이면 살짝 삐뚤빼뚤하게 붙인 루바를 가릴 수 있어서 좋아요.

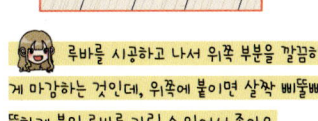

셀프루바 19

이 허리몰딩을 글루건이나 타카로 고정하면 된다.

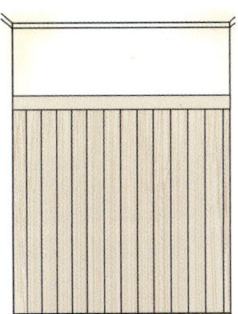

셀프루바 20

이렇게 루바 시공이 완성됐다. 벙커침대를 놓을 예정이라 높게 시공했는데, 한쪽 벽을 모두 루바로 덮을 수 있고 벽의 반만 덮을 수도 있다. 취향대로 높이를 조절하면 된다.

원목루바 시공 하나만으로 훨씬 아늑하고 멋진 벽면 연출이 가능하답니다.

방문 꾸미기

1) 흔한 방문은 싫다! 방문에 유리창 넣기

문에 페인트칠만 해도 집안의 분위기를 확 바꿀 수 있어요. 하지만 더 특별한 인테리어를 꿈꾼다면 문에 유리창을 넣는 것은 어떨까요? 유리창을 넣으면 예뻐 보일뿐만 아니라 빛도 들어와 어두운 공간이 밝아지는 장점도 있어요.

아이 방 앞이 주방인데 아이 방은 햇빛이 잘 들어오는 반면, 방문을 닫으면 주방은 낮에도 조명을 켤 정도로 어두웠어요. 그래서 유리창 방문으로 바꿨더니, 아이 방의 환한 햇빛이 주방으로 들어와 조명이 없어도 될 만큼 밝아졌어요. 무늬가 있는 유리로 만들면 아이의 사생활도 보호하고, 심리적인 부담감도 줄일 수 있어요.

예쁜 유리창이 달린 방문! 남과는 다른 특별한 인테리어로 꾸며볼까요.

after

before

 Interior Set

재단한 목재, 유리, 스테인, 페인트, 페인트용 붓, 롤러, 전기타카, 목공용 본드, 연필, 전동드릴, 기리, 직소기, 각목, 쫄대

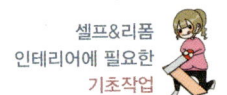

유리를 감쌀 목재크기 계산 방법과 유리를 넣을 홈 계산 방법

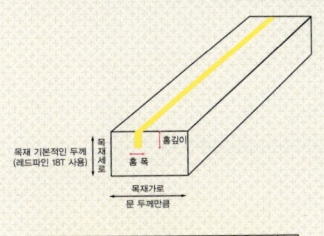

목재는 원목(레드파인, 스프러스 등)이나 합판(미송합판, MDF 등)을 사용하고, 목재 세로길이는 주문하는 목재의 두께로 합니다. 저는 레드파인 18T를 사용했어요.
목재 홈의 폭은 유리두께보다 1mm 정도 크게, 홈깊이는 유리가 들어갈 깊이보다 2mm 정도 깊게 주문하는 게 좋아요.

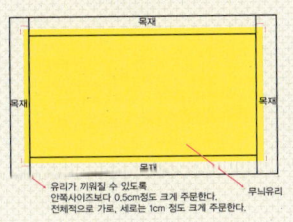

유리 주문 방법

유리 크기의 세로와 가로길이는 목재 안쪽 사이즈보다 1cm 정도 크게 주문하는 게 좋은데, 이렇게 하면 유리의 양쪽 0.5cm 정도가 목재 안쪽에 끼워지기 때문이에요. 따라서 홈파기 주문할 때 가령 유리두께가 0.5cm라고 하면 "홈 폭은 0.6cm, 홈 깊이는 0.7cm 파주세요."라고 하면서 왼쪽과 같은 도안을 함께 보내세요.

⫞🖌 *Interior Talks*

1. 방문 리폼을 위해 문손잡이나 커튼 등을 제거한다.
2. 유리창을 만들 유리와 유리를 감쌀 목재를 준비한다.

3. 사진처럼 유리가 목재 안쪽으로 쏙 들어가게 고정할 것이다.
4. 목재를 조립하기 전 스테인이나 페인트로 목재를 칠하고 말린다.

5. 목재를 타카와 목공용 본드로 ㄷ자 모양으로 만든다.
6. 유리를 홈에 끼우고, 나머지 위쪽 목재를 조립한다.

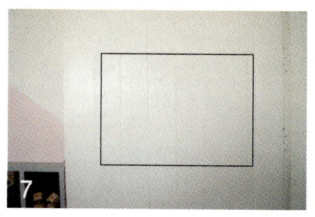 

7. 유리창틀이 들어갈 만큼 구멍을 뚫기 위해 유리창틀을 방문에 대고 선을 그린다.
8. 드릴에 기리를 연결하고 표시한 선 안쪽에 직소기의 날이 들어갈 구멍을 뚫는다.

9. 직소기날을 구멍에 넣고, 선을 따라 천천히 잘라낸다.
10. 방문에 유리창틀이 들어갈 구멍을 다 뚫었다.

11. 뚫린 방문을 보면, 문 안쪽이 비어있다. 각목을 잘라 문틀 안쪽에 넣고 타카로 고정한다.
12. 방문과 문틀에 페인트를 칠한다.

13. 뚫린 구멍 안에 창틀을 끼운다. 창틀이 떨어지지 않도록 창틀과 문 안쪽 각목을 타카로 고정한다.
14. 창틀과 문 사이에 직소기로 잘라낸 자국이 보인다. 얇은 쫄대에 목공용 본드를 바르고 타카를 쏴서
    자국 앞에 붙인다.

 *Interior Set*

손잡이세트. 전동드릴

Interior Talks

1. 기존에 사용하던 오래된 방문 손잡이를 나사 드릴을 이용해 모두 분리한다.

2. 교체할 손잡이세트의 종류를 파악한다. 보통 손잡이세트를 구입하면 설명서도 함께 동봉되니 참고한다.

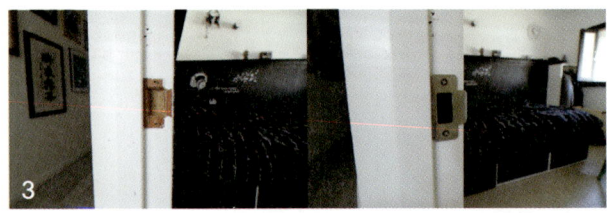

3. 기존 문틀받이판과 캐치박스 위치에 새로 구입한 세트를 고정
   한다. 기존 것을 분리할 때 순서를 기억해 두면 도움이 된다.

4. 래치를 기존 손잡이 홀에 넣고 조립한다. 잠금핀 나사산은 방문안쪽 방향, 래치볼트는 문 닫히는 방향
으로 돌린다. 래치면판의 나사를 고정한다.

5. 문이 닫히는 방향으로 사각축의 핀을 눌러 래치 사각홀에 밀어 넣는다. 이때 사각축의 핀이 사각홀 안
쪽에 위치해야한다.
6. 손잡이를 문에 설치하고 나사(몸통피스)를 이용해 단단히 고정한다.

7. 마지막으로 방 안쪽의 잠금핀 구멍에 잠금 핀을 밀어 넣은 후 돌리면 완성이다.

두 여자의 셀프 인테리어

***

거 실

재활용나무로 쌍둥이책장 만들기 by. 몽실이

책장이 있는 공간만큼은 아이들이 잘 활용해주길 바라는 마음에 만화책방 느낌의 인테리어로 꾸미고, 아이들이 좋아하는 책과 만화책으로 채웠어요. 벽지 위에 퍼티(핸디코트)를 거칠게 바르고, 파벽으로 살짝 포인트를 준 다음 재활용나무로 만든 쌍둥이책장을 걸어 놓으니 빈티지한 거친 벽과 잘 어울리죠.

일반적인 책장을 둘 수 있는 공간이 아닌 가족이 다니는 길목에 있는 공간이라면 이런 전면책장을 추천해요. 동선에 불편함도 없고, 튀어나와 있지 않아 다칠 염려도 없으며 얇실하면서도 책 정리도 잘되는 아주 좋은 아이템이에요.

🪣 *Interior Set*

재활용나무, 직소기, 사포, 피스(목재용 피스, 석고보드용 피스), 목공용 본드, 꺾쇠, 우드스테인, 페인트 붓, 니퍼, 전동드릴, 걸고리, 마스킹테이프, 연필

냉장고 가벽으로 사용하던 나무를 재활용했지만, 이것을 참고해 새롭게 만들어도 좋습니다.
[책장 : S.P.F구조재(38mm × 38mm)]
가로용 650mm = 7개
세로용 2000mm = 2개
[지지대 : 라왕한치각(28mm × 28mm)]
가로용 726mm = 6개

Interior Talks

1. 가벽으로 사용하던 나무를 모두 분리하여 각재만 사용한다. 재활
   용나무가 없다면, 도면을 그려 주문한다.

2. 분리 후 각재에 박힌 타카심을 니퍼를 사용해 모두 제거한다.
3. 전체적으로 사포질하고, 원하는 크기로 직소기를 사용해 절단한다.

4. 준비한 각재의 연결 부분에 목공용 본드와 피스를 사용해 사다리
   모양을 만든다. 책의 세로 폭보다 각 칸의 높이가 높아야 한다.

5. 만든 틀에 책을 꽂았을 때 앞으로 넘어오지 않도록 지지대 역할을 하는 각재를 목공용 본드와 피스로 조립한다.

6. 벽에 걸어 사용하는 책장이므로 뒷면 양쪽에 걸고리를 단다.

7. 책장에 우드스테인을 1~2회 칠하고 건조한다.

8. 우드스테인이 건조되면 전체적으로 사포질해 마무리한다. 사포질로 매끄럽게 표면이 형성되므로 바니쉬는 칠하지 않는다.

9. 책장의 가장 윗부분에 마스킹테이프를 붙여 걸고리 위치를 표시한 후 마스킹테이프를 떼어 벽에 붙이고 걸고리 위치를 표시한 부분에 피스를 사용해 책장을 고정한다. 벽이 석고보드라면 석고보드용 피스를 사용하고, 콘크리트라면 기리로 고정한다.

 Tip

걸고리로만 벽에 걸었을 때 책장이 흔들릴 수 있어요. 그럴 때는 책장의 중간 칸을 꺽쇠로 고정하세요. 벽이 퍼티나 그 외에 다른 것으로 거칠다면 긴 피스만 사용해 고정시키면 돼요.

공간박스 리폼으로 다육이를 위한
선반장 만들기 by. 몽실이

공간박스는 아이디어만 있으면 몇 번이고 리폼하면서 오래 오래 사용할 수 있어요. 집을 인테리어
하다 보니 사용하지 않는 공간박스가 있더라고요. 버리기 아까운 공간박스, 다시 또 리폼으로 새 생
명을 불어넣어야죠. 리폼을 생각하던 중에 다육이화분을 보고 화분 선반장을 만들어야겠다고 결심했
어요. 인테리어적인 효과와 선반장까지, 공간박스 리폼은 효자입니다.

🥫 *Interior Set*

공간박스, 목재, 가구용 페인트, 페인트 붓, 롤러, 우드
스테인, 경첩, 목공용 홀쏘, 전동드릴, 목재용 피스, 못,
망치, 수성실리콘 혹은 메꿈이, 목공용 본드, 바퀴 4개,
드릴비트, 니퍼, 전기타카, 사포

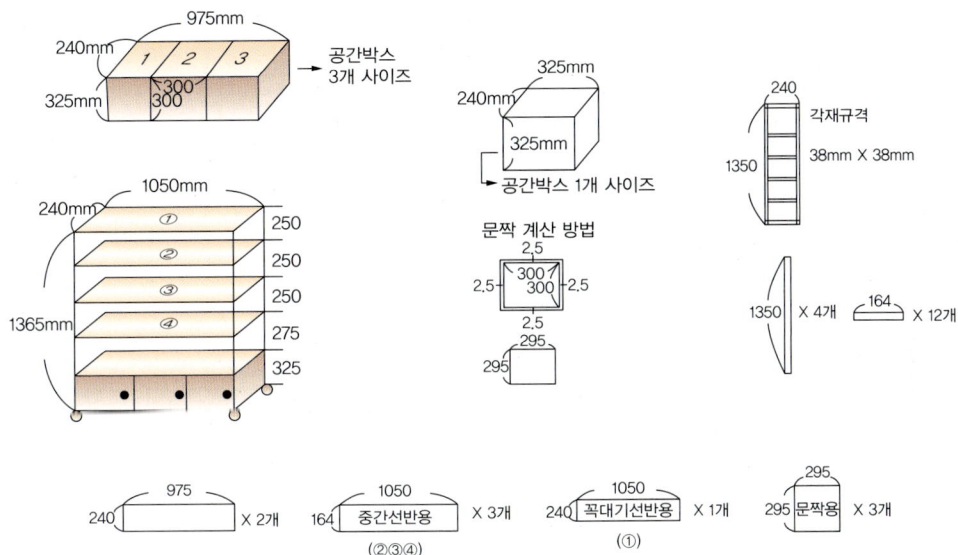

[몸체 : 삼나무 15T]
상 · 하판 = 가로 1050mm × 세로 240mm × 2개
선반용 = 가로 1050mm × 세로 164mm × 3개
　　　　　 가로 1050mm × 세로 240mm × 1개
문짝용 = 가로 295mm × 세로 295mm × 3개
※ 공간박스 1개 사이즈 : 가로 325mm × 세로 240mm × 높이 325mm

[선반틀 : 각재(38mm × 38mm)]
길이 1350mm × 4개
길이 164mm × 12개

필요한 목재를 주문하기 위해서는 도면을 그려야 해요. 기존에 가지고 있던 공간박스를 이용한 리폼이나, 새로 구매한 공간박스를 이용하더라도 크기가 다르기 때문에 도면을 그려서 사이즈를 계산해야 실수를 줄일 수 있어요.
각재의 규격이 38mm를 사용했기에 목재용 피스는 이보다 더 긴 것을 준비해야 해요.

1. 리폼 전 사용하던 공간박스 수납함이다. 이처럼 집에 있는 공간박스
   나, 새 공간박스를 준비한다.
2. 도면에 계산한 사이즈대로 필요한 목재를 주문한다. 주문해 사용하
   는 목재는 항상 가조립해서 사이즈를 확인한다.

3. 공간박스의 손잡이나 다른 부자재들을 망치로 쳐 분리한 후 남
   아있는 타카심이나 못을 니퍼로 제거한다.

4. 공간박스 3개를 붙여야 원하는 수납함을 만들 수 있기에 목공본드와 피스로 단단히 고정한다.
5. 공간박스 위와 바닥에 사용할 목재를 목공본드와 전기타카(못과 망치로도 가능)로 붙인다.

6. 피스조립을 위해 비트로 교체해 타공을 한 후, 목공용 본드와 목
   재용 피스로 조립한다.

   목재용 비트세트에는 각기 규격이 다른 비트가 있는데, 피스
   규격과 같은 비트로 타공을 해야 해요.

7. 원하는 모양으로 각재를 조립한다.

🧒 꼭 비트로 타공하고, 피스기리를 내세요. 피스기리 없이 조립하면 각재가 갈라지는 현상이 생겨요.

8. 앞서 설명한 대로 비트로 타공 후 목공용 본드와 피스로 각재를 조립한다. 이동성을 높이기 위해 바닥면에 바퀴를 붙인다.

9. 피스 자국들은 메꿈이나 수성실리콘으로 메우고, 완전히 건조되면 고운 사포로 살살 문질러 매끄럽게 만든다.

10. 가구용 페인트로 전체를 2회 칠한다.

🧒 첫 도색 → 2시간 이상 건조 → 두 번째 도색 → 건조

11. 페인트가 완전히 다 마르면 선반 목재들을 못이나 타카로 흔들리지 않게 조립한다.

12. 공간박스 문짝용 목재는 손잡이를 사용하지 않고, 홀쏘로 타공을 해 손잡이를 대신한다.

🧒 홀쏘로 타공할 땐 타공하려는 목재에 다른 목재를 대고 타공해야 갈라짐 없이 예뻐요.

13. 문짝용 목재의 결방향대로 우드스테인을 얇게 2회 정 도 칠하고 건조한다.

14. 문짝에 경첩을 조립하고, 공간박스 안쪽에 자투리나무로 빠지 링을 대신해 붙인다.

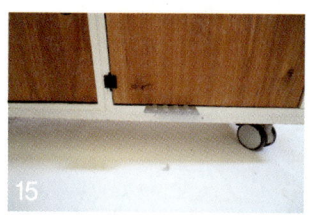

15. 문 경첩을 조립할 땐 뻑뻑 하지 않고 잘 열리고 닫힐 수 있게 아래쪽에 얇은 목 재 같은 것을 끼운 후 간격 을 조절하며 조립한다.

평범한 디지털피아노 빈티지하게 리폼하기 by. 몽실이

요즘 피아노 색상 바꾸기 리폼을 많이 하시잖아요. 저도 집에 디지털피아노가 있는데, 색이 너무 튀어서 무난하게 바꿨더니 이번에는 너무 평범하더라고요. 그래서 피아노의 위치를 옮기면서 주변 가구들과 어울릴 수 있도록 다시 바꿔봤어요. 하얀색의 책장과 함께 두니 마치 한 세트인 것 같지 않나요? 나만의 색깔로, 우리 집에 잘 어울리게, 피아노를 새로 산 것처럼. 페인트리폼으로 '색'다르게 꾸며보세요.

after

before

1. 먼저 피아노 발 부분에 자투리나무를 덧대어 바닥에서 분리한다.

> 신문지를 깔아도 되지만 신문지는 페인트도색 작업이 끝나고 나면 달라붙어서 떼어내는데 애로사항이 생길 수 있기 때문에 나무로 대신했어요.

2. 페인트도색을 시작하기 전에 마스킹테이프로 페인트가 묻지 말아야 하는 부분을 꼼꼼히 붙인다.

3. 마스킹테이프를 다 붙였으면 컬러젯소를 피아노 전체에 칠한다.

> 젯소라고 하면 보통 화이트색상의 젯소를 많이 알고 있을 거예요. 그런데 이 컬러젯소는 빈티지한 투톤느낌을 낼 때, 밀크페인트와 사용하면 좋답니다. 컬러도 매우 다양하니 취향에 맞게 선택하면 돼요. 간혹 컬러가 있어서 젯소의 역할을 제대로 못할 것 같다는 사람들도 있는데 전혀 그렇지 않고 일반 젯소와 동일한 역할을 해요.

4. 컬러젯소를 2회 칠하고 완전히 건조한다. 건조시간은 첫 번째 도색 후 2시간 ~ 4시간 이후 두 번째 도색을 하면 된다.
5. 빈티지한 느낌을 주기 위해 초를 사용하여 벗기고 싶은 곳을 중심으로 여러 번 문지른다.

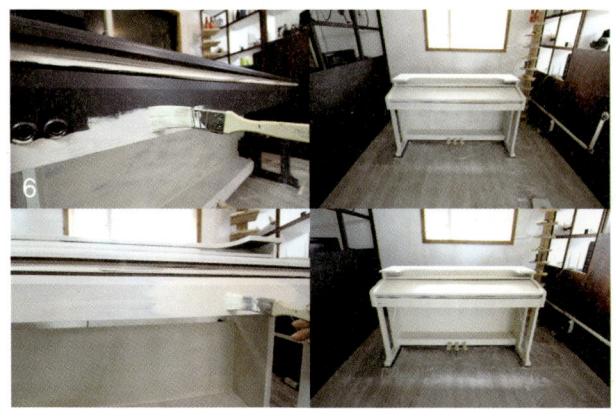

6. 밀크페인트(리얼밀크)를 붓을 사용하여 2회 칠한다.

7. 페인트가 완전히 마르면, 사포를 이용해 초를 칠한 부분을 중심으로 문지른다. 사포가 아니어도 자, 커터
   칼 등을 사용해도 무방하다.
8. 사포가 페인트를 벗겨내 컬러젯소가 보이면 빈티지한 피아노가 완성이다.

가족사진을 이용한 갤러리 공간 만들기 by. 몽실이

　간혹 가족 앨범을 꺼내보면서 예전 추억을 떠올리곤 하는데, 아이들이 어느 정도 큰 후에는 앨범을 잘 안 보게 되더라고요. 그러던 어느 날 문득 추억을 숨겨 놓기보다는 잘 보이는 곳에 끄집어내야겠다는 생각이 들어 아이디어를 내봤어요. 바로, 허전한 벽이 자리한 복도에 갤러리 같은 가족 추억 공간을 만들자!

　어려운 방법으로 벽을 꾸미다 보면 벽에 구멍을 내야 하는 상황이 생기기도 하잖아요? 사실 개인적으로 벽에 못질을 하거나 피스로 구멍을 내는 걸 원치 않아요. 피스도 못도 사용하지 않고 벽을 갤러리 공간으로 꾸미는 방법에 대해 알려드릴게요. 잘 따라하신다면 벽장식은 물론, 사진을 보며 추억을 떠올릴 수 있을 거예요. 작은 인테리어로 가족 간의 대화가 늘어나는 일석이조의 효과를 느껴보세요.

🎨 *Interior Set*

A4용지에 출력한 가족사진, 마스킹테이프, 가위, 미니 나무집게, 아이언 클립, 빈티지 고재(얇은 판재 또는 자투리 나무), 글루건, 글루건총, 마끈

1. A4용지에 컬러사진과 흑백사진을 출력해 준비한다.
2. 준비한 사진을 가위로 오린다.
3. 마스킹테이프로 사진의 네 면을 꾸민다. 단, 나무에 붙여야 하니 여유를 두고 붙인다.

4. 사진을 벽에 장식하기 위해 빈티지 고재를 원하는 크기만큼 절
   단하고, 절단면을 중심으로 사포로 다듬어 준비한다.

    빈티지 고재가 아닌 얇은 48미송패널 또는 자투리 나무를
   활용해도 돼요.

5. 마스킹테이프로 꾸민 사진을 빈티지 고재 정 가운데에 붙인다.

6. 사진만 붙이면 밋밋하므로 글루건을 사용해 나무에 아이언 클립
   을 붙여 장식한다.

7. 빈티지 고재 뒷면에 글루건을 쏘아 원하는 벽면에 붙인다.
8. 한쪽 벽면을 이렇게 장식하면 가족사진 갤러리 공간이 만들어진다.

주의하세요! 글루건으로 붙이기 때문에 벽지 위에 바로 붙이면 나중에 떼어낼 때 벽지가 함께 찢겨요! 그래서 저는 퍼티를 발라 놓은 벽에 붙였어요. 이렇게 하면 떼어낼 때 퍼티가 함께 떨어지거든요. 그리고 떨어진 퍼티부분만 다시 보수를 해주면 된답니다.

9. 마끈을 이용해 벽을 꾸밀 때는, 우선 준비한 마끈을 적당한 사이즈로 자르고 양 끝에 마스킹테이프를 붙여 벽에 붙인다.
10. A4용지에 출력해 오린 사진을 미니 나무집게로 고정한다.
11. 아치형으로 여러 줄 만들어 장식한다.

공간 활용 두루마리 화장지 수납함 만들기 by. 몽실이

어느 집이던 두루마리 화장지의 수납공간 때문에 고민을 안 해봤다면 거짓말이 아닐까요?

집들이를 하거나, 오랜만에 집에 손님이 오시면 보통 화장지를 하나씩 들고 오시잖아요. 감사하고 유용하게 사용하지만 수납공간이 부족하다 보니 주신 그대로 한쪽 구석에 쌓아두는 것이 보통이에요. 저도 마찬가지로 구석에 쌓아두기만 했죠. 어딘가 구석에 처박혀있는 두루마리 화장지를 볼 때마다 '어떻게 수납을 해야 하나' 고민했어요. 거실 이곳저곳을 몇 번이고 둘러봐도 커다란 수납장을 놓을만한 공간은 없더라고요. 기왕이면 공간차지도 안하고 효율적으로 두루마리 화장지를 수납하려고 생각하다가 만든 수납함. 한번 보시겠어요?

🪣 *Interior Set*

목재(자투리나무 포함), 각재, 연필, 가구용 페인트, 스테인, 페인트 붓, 초, 건타카, 건타카심, 목공용 본드, 쇠자, 우드손잡이, 이중기리, 고무망치, 경첩, 피스(나사), 꺽쇠, 사포

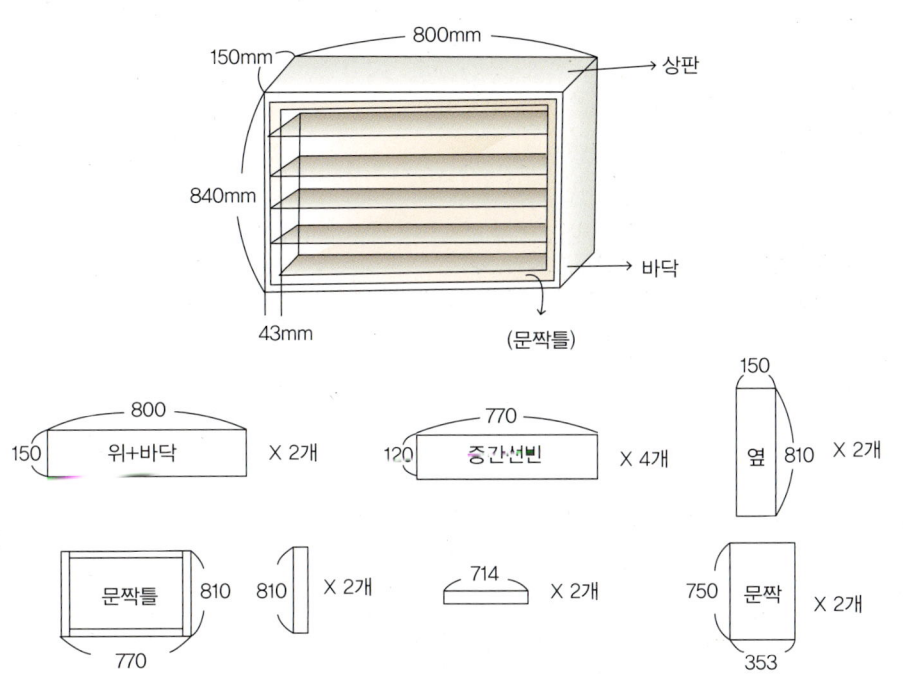

[몸체 : 삼나무 15T]
상판, 하판 = 가로 800mm × 세로 150mm × 2개
중간선반 = 가로 770mm × 세로 120mm × 4개
옆판 = 가로 150mm × 세로 810mm × 2개

[문짝 틀 : 라왕한치각(28mm × 28mm)]
가로용 714mm × 2개
세로용 810mm × 2개

[문짝 : 삼나무 15T]
가로 353mm × 세로 750mm × 2개

원하는 모양을 생각하고 목재의 종류와 두께를 정해서 사이즈를 계산한 다음, 도면을 그려 필요한 목재를 주문하
세요. 수납함의 폭을 더 넓게 하거나 중간선반의 수를 조절하면 다른 수납함으로도 만들 수 있어요.

1. 재단되어 온 목재들을 가조립해서 사이즈를 확인한다.
2. 문짝용 틀 각재를 목공용 본드와 건타카로 틀을 잡는다.

3. 수납장 선반이 들어갈 자리를 연필로 표시한다. 피스로 조립하기
   위해 표시한 부분을 중심으로 이중기리로 구멍을 뚫는다.

4. 주문한 목재들을 도안의 모양대로 목공용 본드와 피스로 조립한다.

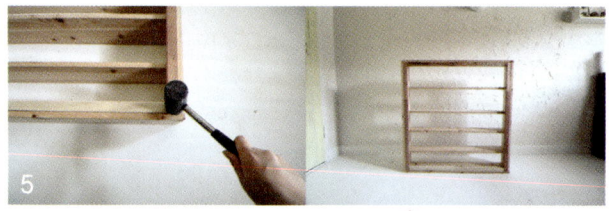

5. 문짝용 틀 각재를 완성된 수납장 안쪽으로 끼워 넣는다. 틀을 끼울 때 빡빡하다면 고무망치로 톡톡 치
   면 수월하게 들어간다. 틀 조립이 완성되면 수납장 내부에서 피스로 박는다.

    문짝틀을 만들어 끼운 이유는 목재의 두께가 15T로 얇기 때문에 경첩을 조립했을 때 목재가 갈라
   지는 현상을 막아 더욱 튼튼한 문으로 사용하기 위함이에요.

6. 문이 열리고 닫힐 때 빡빡하지 않게 2~3mm 정도 여유 간격을 준 후 경첩을 조립한다. 문짝용 목재를 주문할 때 이점을 잘 고려해서 주문하는 것이 좋다.

7. 빈티지 스타일로 만들기 위해 진한색상의 스테인을 수납함의 테두리 부분만 칠한다.

8. 스테인이 완전히 마르면 초칠을 하고, 그 위에 페인트를 칠한다.

🙂 초를 사용한 것은 빈티지한 느낌을 표현하고자 사용한 것인데, 초를 칠한 곳은 페인트를 벗겨내기가 수월해요.

9. 초칠한 부분을 쇠자를 이용해 슥슥 벗겨낸다. 쇠자 외에도 사포, 커터칼 등 그 어떤 것을 사용해도 무방하다.

10. 무도색 우드손잡이에 우드스테인을 칠한 후 살짝 사포질하여 준비하고, 자투리 나무에 수납함에 칠한 페인트를 칠한다. 수납장에 손잡이와 자투리 나무를 피스로 박는다.

🙂 자투리 나무를 문의 장금장치 대신 사용했는데, 자석빠지링을 사용해도 좋아요.

11. 벽에 걸어서 사용하기 위해 수납장의 뒷면에 꺽쇠를 부착한다.

12. 부착한 꺽쇠로 벽에 고정하면 완성이다.

🙂 콘크리트벽인 경우 비트로 벽을 뚫고, 칼브럭을 끼워 넣은 후 피스로 박아요.

이동이 가능한 A자 다리 빈티지 탁자 만들기 by. 몽실이

거실이 긴 복도형으로 되어있는 독특한 집이라 가구의 위치를 정하기가 참으로 어렵더라고요. 그래서 책장을 리폼해 거실 중간에 가벽으로 놓아 두 개의 공간으로 나눴어요. 한쪽은 서재, 다른 한쪽은 소파를 놓아 거실로 사용하고 있답니다.

그중 빈티지 스타일로 인테리어 한 서재에 맞게 이동이 가능한 A자 다리 빈티지 탁자를 만들었어요. 페인트의 색만 바꾸면 다른 스타일로도 변화가 가능하니 나만의 인테리어 탁자를 쉽게 만들 수 있어요.

빈티지 고재, 각재, A자 다리 반제품세트, 우드스테인, 바니쉬, 붓, 전동드릴, 연필, 톱, 목공용 본
드, 이중기리, 피스(나사), 건타카, 타카심, 못, 사포(400~600방)

🔨 *Interior Sketch*

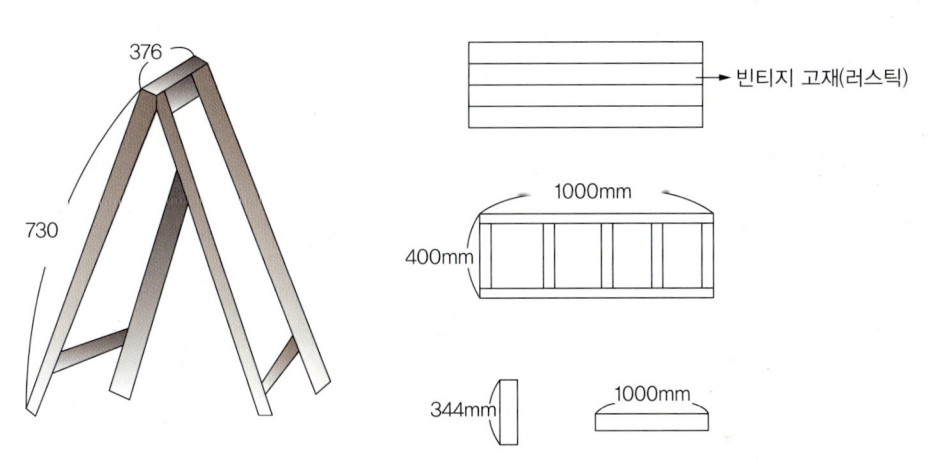

[A자 다리 반제품]
폭 376mm × 높이 730mm × 2set

[상판 : 빈티지 고재(러스틱)]
폭 100mm × 두께 10mm = 5장

[각재 : 라왕한치각(28mm × 28mm)]
길이 1000mm × 2개
길이 344mm × 5개

👧 탁자를 만들기 위해 구상한 도면이에요. 만들고자 하는 탁자의 크기를 예상해 도안을 그리
면 돼요. 여러분도 만들고 싶은 탁자의 도면을 그려 주문만 하면 쉽게 만들 수 있어요.

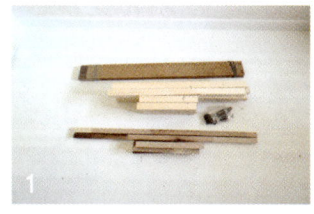 

1. 주문한 자제를 조립하기에 앞서 맞게 왔는지 가조립해 사이즈를 확인한다.
2. 제품 모양대로 목공용 본드를 바르고 피스로 조인다.

3. 만든 다리 두 개를 경첩으로 조립해 A자 모양을 만들고, 톱니일자수대를 적당한 위치에 부착한다.
   톱니일자수대로 조립하면 폭 조절이 가능하고, 접었다 폈다 할 수 있다.

 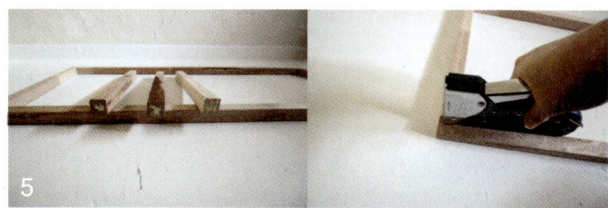

4. A자 다리 반제품을 완성한다.
5. 주문한 각재를 가조립해 본 후, 목공용 본드를 바르고 건타카를 이용해 틀을 만든다.

   각재에 바른 목공용 본드가 마르는 동안 각재틀을 고정하기 위해 건타카를 사용해요. 또 피스를
   편하게 박을 수 있다는 장점도 있어요.

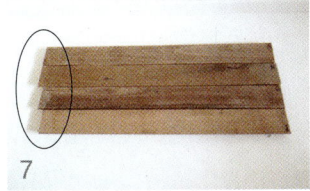

6. 목공용 본드가 완전히 마르면(30분~1시간) 각재에 이중기리로 피스기리를 내고 피스로 조립한다.

🐾 이중기리로 구멍을 미리 내야 각재가 갈라지는 현상을 막을 수 있어요.

7. 빈티지 고재의 특성상 폭이나 두께는 웬만하면 원하는 사이즈를 구할 수 있지만, 길이는 정확하지 않아 직접 절단해야 한다.

8. 각재틀에 딱 맞도록 연필로 표시해 톱으로 절단하고, 고운 사포(400~600방)로 깔끔하게 사포질한다.

9. 각재틀에 목공용 본드를 바른 후 빈티지 고재를 올리고, 전기타카로 조립한다. 피스는 목재 갈라짐이 생길 수 있으니 타카나 못을 사용하는 게 좋다.

10. A자 다리와 테이블 상판을 합치면 완성이다.

11. 우드스테인으로 A자 다리와 상판의 틀 각재부분까지만 색을 입히고 마무리한다. 빈티지 고재의 상판은 바니쉬를 칠해도 무방하다.

페이퍼백 재활용 리폼으로
애완용품 수납하기 by. 몽실이

요즘은 집안에서 반려동물을 많이 키우잖아요. 은근히 정리해야 하는 애완용품이 많은데, 애완용 패드나 간식 등을 정리하려면 수납할 수 있는 공간이 분명 있어야겠더라고요. 대부분 구입해 온 그 상태로 보관하면서 사용하지만, '이왕이면 보기 좋게 수납할 수 있는 방법이 없을까' 하고 한번쯤 생각해 보지 않았나요? 그래서 쉽게 구할 수 있는 쌀 포대로 수납은 물론 인테리어 효과까지 챙길 수 있는 간단한 리폼을 준비했어요. 쌀 포대, 그냥 버리지 말고 한번쯤 다시 재활용해 보는 것도 괜찮지 않나요?

🥫 *Interior Set*

쌀 포대 20kg 2개, 쌀 포대 10kg 1개, 페인트(가구용, 벽지용 상관없음), 붓, 스텐실 도안, 스텐실 붓, 마스킹테이프, 가위, 아크릴물감

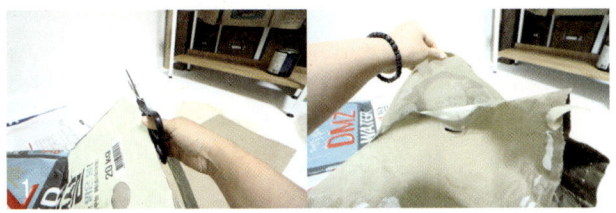

1. 쌀 포대의 밑단을 가위로 자르고, 겉포장을 뜯어낸다.

2. 겉 포장지를 뜯어내면 황갈색의 종
   이만 남는다.

3. 총 3개의 포대에 페인트를 1회~2회 칠한다. 가구용이나 벽지용
   페인트 중 어느 것을 사용해도 상관없다.

4. 아크릴물감을 종이에 덜어 스텐실 붓에 물감을 묻히고, 종이 위에 몇 번 톡톡 두드려 물감의 양을
   조절한다. 포대 위에 도안을 올리고 물감을 묻힌 붓으로 콕콕 찍듯 두드려 포대를 꾸민다.

5. 바닥이 될 부분을 접고, 마스킹테이프로 바닥을 붙인다.

6. 접은 포대를 펴서 안쪽에도 마스킹테이프를 붙여 튼튼한 바닥을 만든다. 바깥쪽 바닥과 안쪽 바닥에 꼼꼼하게 마스킹테이프를 붙여 튼튼하게 마감한다.

7. 마지막으로 포대의 윗부분을 알맞은 크기로 두 번 접어 페이퍼백 모양의 포대를 만든다.

8. 의외로 쌀 포대가 튼튼해서 만들어 놓으면 오래 사용할 수 있다. 필요한 곳에 두고 애완용품 등을 수납하면 유용하다.

사용하던 거실장이 벤치소파로 변신! by. 수선화

TV를 없애고, 사용하던 TV 거실장에 고탄성스펀지를 올려 좀 더 폭신폭신한 벤치소파로 활용해보려고 해요. 어려운 커버링은 No! 바느질을 못해도 고탄성스펀지 커버링을 할 수 있는 방법이 있죠.

after

before

 *Interior Set*

알맞은 높이의 수납장, 미송합판 4.8T, 고탄성스펀지, 천, 스테이플러(호치키스), 미끄럼방지패드

76

1. 사용하던 거실장이다. 거실장의 가로, 세로 길이를 재어 미송합판과
   고탄성스펀지를 주문한다. 미송합판은 4.8T로, 고탄성스펀지의 두께
   는 앉아 봤을 때 편한 높이로 정하는 게 좋다.
2. 미송합판 위에 고탄성스펀지를 올린다.

3. 그 위에 천을 덮어 뒤집은 후, 미송합판 뒤편에서 천의 시접을 접어 스테이플러로 윗면부터 고정한다.
4. 아랫면을 고정하고, 양쪽 면을 고정한다.
5. 거실장 위에 미끄럼방지패드를 깔고, 만들어둔 미송합판을 올린다. 이렇게 하면 미송합판이 움직이지 않
   고, 거실장에 생기는 스크래치도 예방할 수 있다.

6. 예쁜 방석을 깔면 보기에도 좋고, 세탁할 때도 편리하다.

컴퓨터 본체도 넣고 수납까지,
온가족이 사용할 수 있는 넉넉한 테이블 만들기! by. 수선화

넉넉한 거실 테이블을 꼭 만들고 싶었어요. 그냥 테이블 상판에 다리 4개만 달아서 만들 수도 있지만, 아이들이 공부할 때 필요한 필기도구나 매일 풀어야하는 문제집을 넣을 수 없다는 불편함이 예상되더라고요. 게다가 거실에 컴퓨터를 놓았는데, 컴퓨터 본체와 선들이 지저분해보여서 수납과 본체를 가릴 수 있는 다리가 필요했어요. 이런 다양한 이유에 맞게 테이블을 만들어 보았어요.

왼쪽 다리엔 컴퓨터 본체 보관함을 만들고, 그 위에 서랍 1칸으로 책상 높이를 맞췄어요. 오른쪽 다리에는 문제집을 넣을 수 있는 책꽂이와 서랍 2칸을 만들어 부족한 수납을 해결했죠. 서랍과 책꽂이는 양방향으로 사용하도록 디자인을 해 긴 소파에 앉아서도, 1인 의자에 앉아서도 이용할 수 있어요. 또한 테이블 상판에 오일스테인을 칠해 고급스러운 원목 느낌이 난답니다.

🛢 *Interior Set*

재단된 목재, 빠지링 1개, 손잡이 6개, 경첩 2개, 목공용 본드, 피스, 전동드릴, 가구용 페인트(던에드워드 에베레스트 반광 DE6450), 붓, 사포(600방), 오일스테인, 마른 천

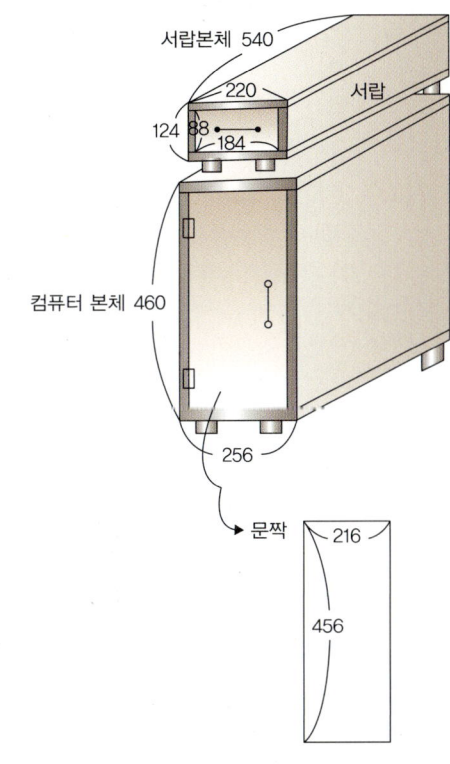

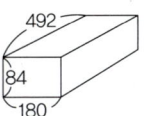

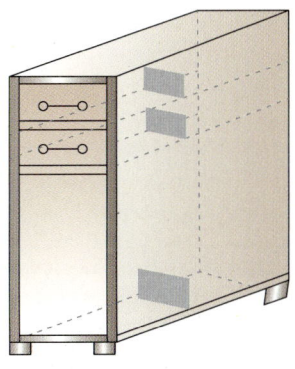

[서랍본체 : 삼나무 18T]
상·하판 = 가로 220mm × 세로 540mm × 2개
옆판 = 가로 540mm × 세로 88mm × 2개
뒤판 = 가로 220mm × 세로 124mm × 1개

[서랍 : 삼나무 15T] − 본체보다 4mm 작게
옆판 = 가로 492mm × 세로 60mm × 2개
하판 = 가로 402mm × 세로 180mm × 1개
앞판 = 가로 180mm × 세로 84mm × 1개
뒤판 = 가로 180mm × 세로 75mm × 1개

[컴퓨터본체 : 삼나무 18T]
상·하판 = 가로 256mm × 세로 540mm × 2개
옆판 = 가로 460mm × 세로 540mm × 2개
문짝 = 가로 216mm × 세로 456mm × 1개
뒤판 위 = 가로 30mm × 세로 220mm × 1개
뒤판 아래 = 가로 100mm × 세로 220mm × 1개

[서랍책꽂이 : 삼나무 18T]
상·하·중간판 = 가로 144mm × 세로 540mm × 4개
옆판 = 가로 660mm × 세로 540mm × 2개
칸막이 = 가로 30mm × 세로 144mm × 3개

[서랍 : 삼나무 15T]
옆판 = 가로 100mm × 세로 230mm × 8개
하판 = 가로 140mm × 세로 230mm × 4개
앞·뒤판 = 가로 115mm × 세로 140mm × 8개

[다리목봉]
지름 6cm × 높이 4cm × 12개

1. 컴퓨터 본체 다리를 만들 예정이다. 도안대로 주문한 나무를 준비한다.
2. 밑판에 목봉으로 다리를 달고, 양쪽 옆판과 뒤판을 조립한다.
3. 옆판과 뒤판은 컴퓨터 본체의 열기가 빠져나가도록 구멍을 낸다. 나무 주문
   시 업체에 따로 가공을 주문하면 타공된 상태로 받을 수 있다.
4. 위판을 조립한다.

5. 본체수납장 위에 올릴 서랍장도 마찬가지로 바닥판에 다리를 먼저 단다.
6. 바닥판에 옆판과 뒤판을 조립하고, 위판을 붙인다. 서랍도 만든다.
7. 안쪽까지 꼼꼼하게 페인트를 2번 칠하고, 손잡이와 경첩, 빠지링을 달면 한쪽 다리 완성이다. 책상 다리가
   아닌 서랍장으로 따로 사용해도 좋다.

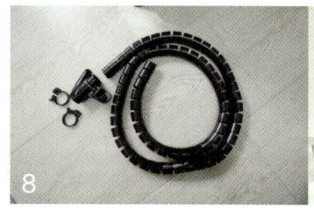
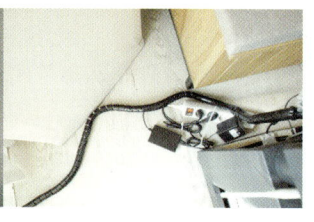

8. 컴퓨터 본체를 넣고, 전선 정리케이블로 여러 전선을 하나로 묶어 정리한다.
9. 책꽂이와 서랍 2칸 다리를 만들기 위해 도안대로 주문한 나무를 준비한다.

10. 한쪽에 2개씩, 양쪽으로 들어갈 서랍 4개를 만든다.

11. 바닥판에 다리 4개를 단다.

12. 책꽂이와 서랍을 양쪽으로 사용할 수 있도록 중간판과 바닥판에 칸막이를 단다. 이렇게 해야 책과 서랍이 밀려나지 않는다.

13. 옆판에 밑판, 중간판, 위판을 고정한다.

14. 다른 옆판을 고정하고, 서랍이 맞는지 확인한다.

15. 왼쪽 다리와 같은 색으로 페인트를 칠하고, 서랍에는 손잡이를 붙인다.

16. 상판은 저렴한 스프러스나 레드파인, 아카시아나무, 애쉬를 이용하면 좋다. 모서리를 둥글게 가공하고, 고운사포로 모서리와 면을 정리한다.

17. 스테인이나 오일스테인 등으로 상판에 색을 올린다. 1번 넉넉히 바르고, 마른 천으로 남은 오일을 닦아낸다. 하루 정도 충분히 말린 후, 2차로 한 번 더 칠한다. 사진은 오일스테인 라이트월넛을 사용했다.

18. 상판을 만들어 놓은 다리에 올리면 완성이다.

책을 깔끔하게 정리할 수 있는
책꽂이 겸 수납장 by. 수선화

대부분 소파 맞은편에 TV가 자리 잡고 있는 집이 많죠?

거실을 서재로 만들기 위해 TV를 없앤 이 공간을 어떻게 꾸밀까 생각하던 중 아이들이 보는 책을 꽂아두면 더 책을 가까이 할 수 있을 것 같아 색다른 책장을 만들어 봤어요. 한 쪽 벽을 전부 책꽂이로 하면 지저분해보이기도 하고, 답답한 느낌의 거실이 될 것 같아서 위 칸만 오픈형으로 두고, 아래 두 칸은 문을 달아 가렸더니 훨씬 깔끔해지더라고요. 위 칸은 자주 보는 책을 넣고, 아래 칸은 책뿐만 아니라 수납장으로도 활용가능하답니다.

거실의 크기에 따라 수납장을 2~3개 더 만들면 웬만한 책과 수납은 걱정 없어요. 또한 하단에 바퀴를 달아 쉽게 움직일 수 있어 언제든 원하는 대로 인테리어 할 수 있어요.

🎨 *Interior Set*

재단된 목재, 원터치 빠지링 6개, 이지경첩 12개, 바퀴 12개, 가구용 페인트, 롤러, 페인트용 붓. 피스다보, 전동드릴, 이중 기리, 피스, 목공용 본드, 자, 연필이나 볼펜, 드라이버

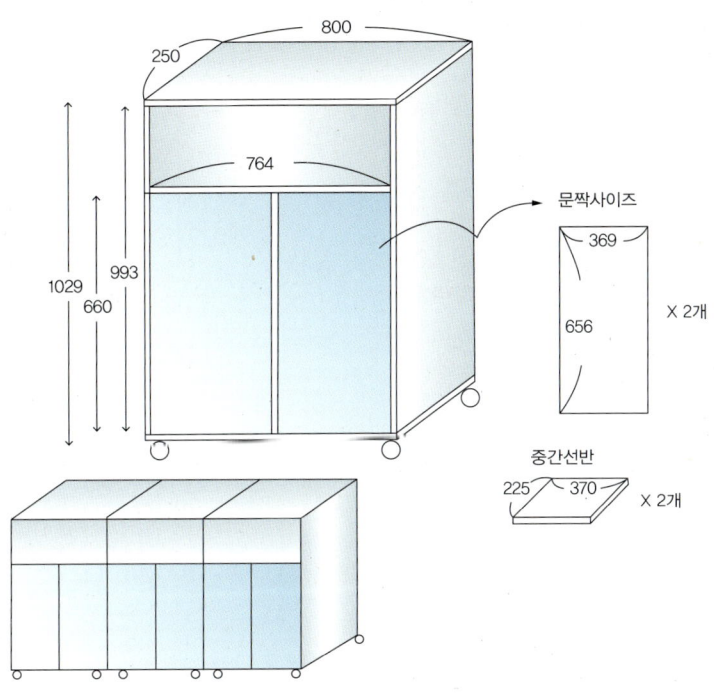

문짝사이즈

369

656

X 2개

중간선반

225 370

X 2개

[몸체 : 삼나무 18T]
상 · 하판 = 가로 800mm × 세로 250mm × 6개
옆판 = 가로 993mm × 세로 250mm × 6개
중간가로 = 가로 764mm × 세로 250mm × 3개
중간세로 = 가로 660mm × 세로 250mm × 3개
수납선반 = 가로 370mm × 세로 225mm × 6개

[문짝 : 미송합판 혹은 자작합판 15T]
가로 369mm × 세로 656mm × 6개

[뒤판 : 미송합판 4.8T]
가로 800mm × 세로 1029mm × 3개

1. 재단된 목재를 준비한다. 삼나무와 미송합판을 사용했지만 삼나무대신 레드파인이나 스프러스, 미송합판 대신 자작합판을 사용해도 좋다. 문짝은 원목으로 해도 되지만 휨 염려가 있어 합판을 사용했다.
2. 중간의 가로와 세로를 먼저 조립한다. 조립 시 피스구멍을 이중기리로 먼저 뚫고, 피스와 목공용 본드를 이용한다.
3. 밑판을 같은 방법으로 조립한다.

4. 양쪽 옆판을 조립한다.
5. 윗판과 뒤판을 조립한다.

6. 선반 높이를 조정할 수 있도록 피스다보를 준비한다. 수납장 안 쪽에 같은 높이로 피스다보를 박는다.
7. 중간 선반을 피스다보 위에 올린다.

8. 만든 수납장에 바퀴 4개를 단다.

9. 수납장 문을 원하는 색의 페인트를 이용해 롤러로 한쪽면만 칠한다.

10. 몸체도 보이는 쪽만 롤러와 붓을 이용해 원하는 페인트로 칠한다. 페인트는 맑은 날 최소 3시간 이상 말리고, 2~3회 정도 칠하는 게 좋다.

11. 수납장에 문짝을 이지경첩으로 연결한다.

12. 손잡이 없이 문을 열 수 있도록 원터치빠지링을 사용한다.

13. 원터치빠지링을 부착할 위치를 정한다. 수납장 안쪽에 문짝 두께(1.5cm)만큼 표시한다.

14. 동그란 철판까지 붙이고 1.5cm 표시지점이 넘어가지 않도록 딱 맞게 조립한다.

15. 동그란 철판은 다시 떼어서 자석이 붙을 문짝의 위치에 단다. 손잡이를 보이지 않게 하기 위해 원터치 빠지링을 이용했는데, 그냥 빠지링과 손잡이를 달아서 완성해도 좋다.

분리수거 완전 편해!
분리수거함이 들어있는 책 선반 by. 수선화

의외로 생활에서 많이 나오는 쓰레기! 한데 모았다가 일일이 분리수거하는 일이 어찌나 번거로운지 해보신 분들은 다 아시죠. 그렇다고 분리수거를 안 할 수도 없고요. 그래서 생활쓰레기를 줄이는데 꼭 필요한 분리수거함을 만들었어요. 재활용 분리수거함에 스스로 분리해서 버리게 하니, 출근할 때나 외출할 때 가득 찬 분리수거 봉지만 들고 나가면 되서 훨씬 편해졌어요. 특히 원목으로 만들어 쓰레기통이 아닌 가구 같아서 거실에 두어도 될 만큼 감각적인 느낌이 들어요.

재활용쓰레기를 넣는 부분은 다보를 이용해 손으로 밀면 열리고, 놓으면 자동으로 닫히는 스윙문으로 만들었어요. 안쪽으로는 봉지를 넣어 재활용쓰레기를 담을 수 있게 했고, 쓰레기가 꽉 차면 앞문을 열어 봉지를 꺼낼 수 있어 편리합니다. 또 분리수거함 위의 공간이 아까워 선반으로 꾸며 책이나 CD플레이어, 휴지케이스 등을 두는 공간으로 활용했어요. 지금부터 생활에 편리함을 가져다준 분리수거함 겸 선반을 소개할게요.

🛢 *Interior Set*

재단된 원목, 네이브스틸 선반 4단 2개, 피스, 금속와셔, 이지경첩 6개, 핀다보 6개, 기리, 자석빠지링 3개, 레터링스 티커, 오일(혹은 바니쉬, 스테인, 페인트), 자, 연필 또는 볼펜, 칼, 사포, 전동드릴, 테이프, 나사, 드라이버, 우드필러

🔨 *Interior Sketch*

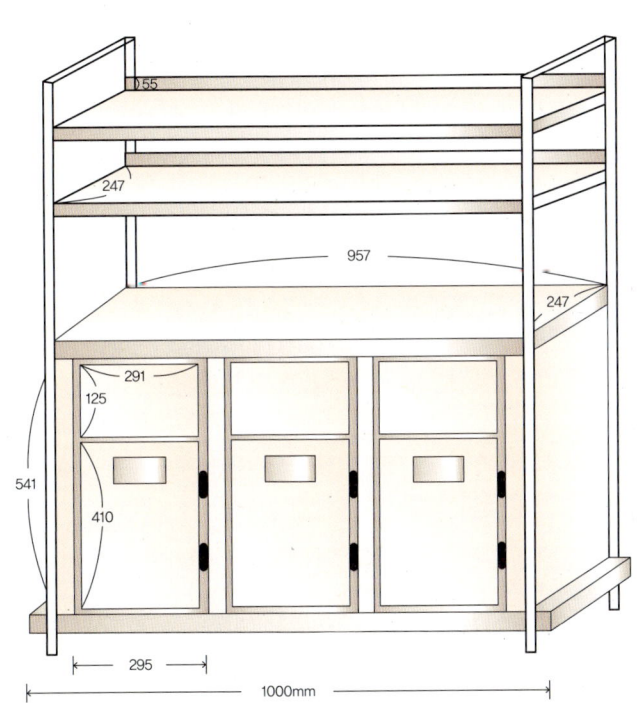

[몸체 : 삼나무 18T]
상판 = 가로 957mm × 세로 247mm × 1개
하판 = 가로 1000mm × 세로 247mm × 1개
뒤판 = 가로 921mm × 세로 541mm × 1개
옆판 = 가로 541mm × 세로 247mm × 2개
중간판 = 가로 541mm × 세로 229mm × 2개

[문짝 : 미송합판 15T]
위문 = 가로 291mm × 세로 125mm × 3개
아래문 = 가로 291mm × 세로 410mm × 3개

[선반 : 삼나무 18T]
하판 : 가로 1000mm × 세로 247mm × 2개
뒤판 : 가로 1000mm × 세로 55mm × 2개

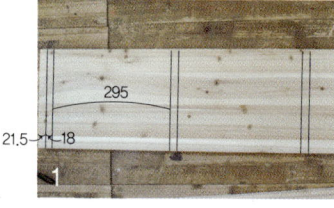 

1. 몸통은 원목(삼나무), 문짝은 합판(미송합판 혹은 자작합판)으로 준비한다. 바닥이 될 판에 고정할 판재자리와 피스자리를 표시한다. 양쪽 2.15cm 자리는 나중에 스틸선반에 고정할 자리다.
2. 재활용쓰레기 버리는 문은 스윙문으로 만든다. 앞뒤로 잘 움직이게 하기 위해 위쪽 모서리를 앞뒤로 둥글게 칼로 살짝 깎고, 사포로 샌딩한다.

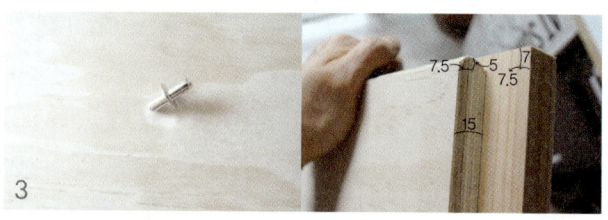

3. 스윙문이 움직일 수 있도록 핀다보가 들어갈 구멍을 뚫는다. 스윙문짝에는 양쪽에, 세로로 고정하는 판재 가장자리 2쪽에는 한쪽에, 안쪽 판재 2쪽에는 양쪽에 뚫는다.

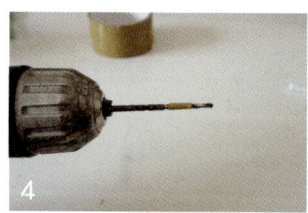  

4. 표시한 점에 정확하게 구멍을 뚫기 위해 가장 얇은 기리로 먼저 구멍을 뚫는다. 테이프로 기리에 핀다보의 길이를 표시해 그만큼만 구멍을 뚫는다.
5. 얇은 기리로 구멍을 뚫고, 핀다보와 같은 두께의 기리로 한 번 더 뚫는다. 같은 방법으로 스윙문짝과 세로고정 판재에 구멍을 뚫는다.
6. 스윙문짝 양쪽 구멍에 핀다보를 끼운다.

7. 이런 방법으로 스윙문짝을 양옆 판재에 고정한다.

8. 아래판에 표시한 위치에 세로 고정 판재를 고정하고, 스윙문짝을 끼운다.

9. 위 판재를 고정하고, 스윙문짝이 앞뒤로 잘 움직이는지 확인한다. 둥글게 잘 깎았다면 무리 없이 움직일 것이다.

10. 뒤판을 조립한다.

11. 앞문을 달기 위해 이지경첩을 문짝에 먼저 고정한다.

12. 몸체에 이지경첩을 나사로 고정해 앞문을 완성한다.

13. 나사구멍은 우드필러로 메운 후, 마르면 사포로 샌딩한다. 그리고 취향에 따라 오일이나, 바니쉬, 스테인, 페인트를 발라도 좋다.

14. 앞문에 레터링 스티커로 분리수거 용도를 붙인다. 종이, 비닐, 플라스틱 3가지만 붙여도 충분하다.

15. 분리수거함이 완성됐다. 여기까지만 만들어 사용해도 좋다.

16. 수거함 안쪽에 고리를 박아 비닐을 걸어서 사용하는 방법도 있다.

17. 네이브 스틸선반 4단짜리를 이용해 분리수거함 위쪽 공간을 활용해보려고 한다. 책이나 소품이 뒤로 넘어가지 않도록 선반에 들어갈 판재를 ㄴ자 모양으로 조립한다.

18. 스틸선반에 원목선반을 고정하기 위해 긴 피스를 사용한다. 선반의 구멍보다 피스의 머리가 작을 경우 금속와셔를 껴서 사용한다.

19. 제일 아래 2칸은 분리수거함이 들어갈 부분이므로 아래에서 세 번째 칸에 판재를 고정한다.

20. 분리수거함 아래판의 양쪽 여유분을 남겨둔 자리를 선반에 끼우고 피스로 고정한다. 그리고 조심히 세우면 완성이다.

두 여자의 셸프 인테리어

***

주방

문 리폼으로 하나가 된 싱크대와 수납장 by. 몽실이

　요즘은 상부장이 없는 주방 인테리어를 많이 선호하지만, 막상 상부장을 없애고 나면 부족한 수납 공간이 문제죠. 저희 집은 처음부터 상부장이 없었어요. 수납공간이 부족해 '수납장을 만들어볼까'하고 견적을 뽑아 봤지만 생각보다 많은 비용에 엄두가 나지 않더라고요. 어쩔 수 없이 만드는 것은 포기하고 동네 중고센터를 기웃거리다 제가 원하던 크기의 수납장을 발견해 아주 저렴한 가격으로 구입했어요. 그리고 기존 싱크대와 한 세트처럼 보일 수 있도록 리폼으로 해결했답니다!

　상부장이 없는 싱크대를 고민하고 계신다면, 분명 수납 문제도 함께 고민하고 계시겠지요? 그런 분들께 꼭 도움이 되는 싱크대 리폼이에요.

🎨 *Interior Set*

미송패널, 손잡이, 목공용 본드, 전기타카, 못, 망치, 젯소, 가구용 페인트, 우드스테인, 페인트용 붓, 코팅방수제, 마스킹테이프, 커버링테이프

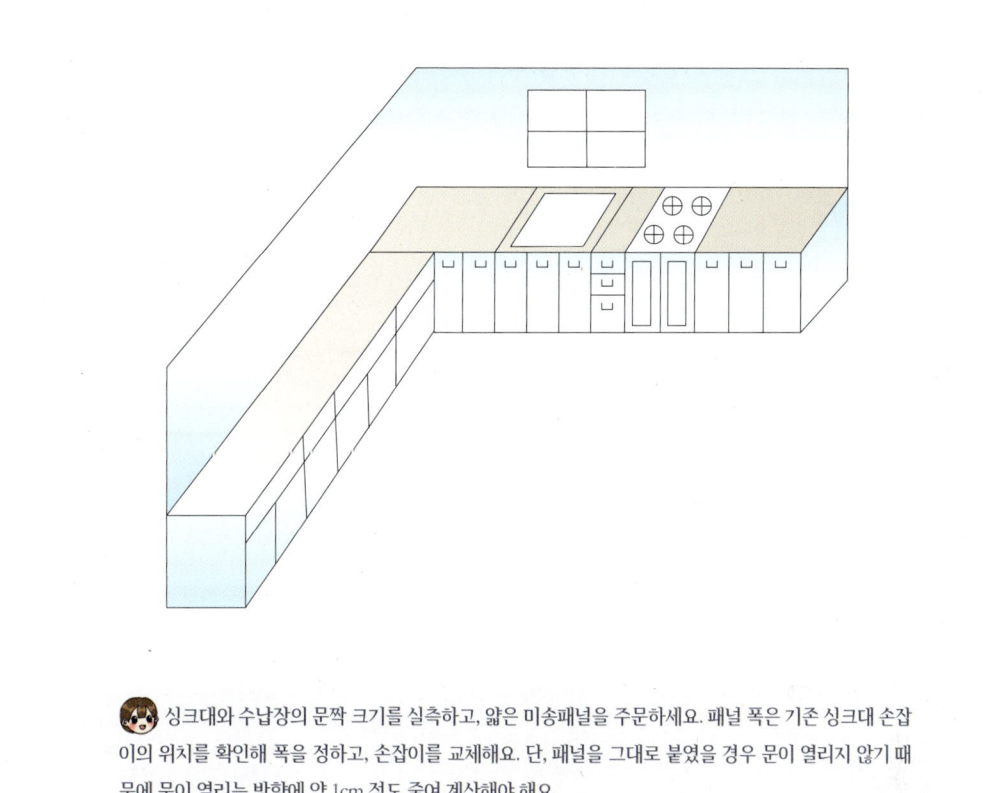

👤 싱크대와 수납장의 문짝 크기를 실측하고, 얇은 미송패널을 주문하세요. 패널 폭은 기존 싱크대 손잡이의 위치를 확인해 폭을 정하고, 손잡이를 교체해요. 단, 패널을 그대로 붙였을 경우 문이 열리지 않기 때문에 문이 열리는 방향에 약 1cm 정도 줄여 계산해야 해요.

✑ *Interior Talks*

1. 수납장과 싱크대 문짝에 붙일 패널을 도면과 비교해 크기를 확인한다. 만약, 크기에 오차가 있다면 직접 절단해 사용하면 되니 당황하지 않아도 된다.
2. 교체할 손잡이는 미리 우드스테인을 칠해 말려둔다. 문짝에 필름지가 붙어있다면 제거한다.

3. 패널을 목공용 본드와 전기타카를 사용해 싱크대와 수납장 문짝
   에 붙인다. 문이 열리는 방향의 끝부분에서 1cm 정도 간격을 두
   고 붙여야 문이 잘 열리고, 문제가 발생하지 않는다.

4. 패널과 문을 한 번에 페인트칠할 것이므로, 필름지는 꼭 제거한다. 필름지가 붙은 상태에서 페인트칠
   을 하면 페인트가 벗겨지는 일이 생길 수 있다.
5. 싱크대와 수납장의 손잡이 위치를 패널로 가려 붙인다.

6. 미송패널을 싱크대와 수납장에 다 붙인다.
7. 페인트가 묻지 말아야 할 부분, 문 안쪽과 바닥에 마스킹테이프와 커버링테이프를 붙인다. 젯소를 한 번
   칠하고 2시간 이상 건조한다.
8. 원하는 페인트로 1회 칠하고 2시간 이상 건조 후 1번 더 칠하고 건조한다.

9. 미리 준비한 손잡이를 각 문짝마다 위치를 정해 부착한다.
10. 마지막으로 문짝과 손잡이에 페인트를 칠하는 방법과 동일하게 방수페인트를 2회 칠하고 완성한다.

나무 식기건조대로 편안한 설거지 by. 몽실이

기성제품으로 많이 나와 있는 식기건조대, 하지만 나무로 만든 것은 찾기가 어렵죠. 나무의 편안함이 좋고, 나무의 향이 그리워 직접 만든 나무 식기건조대를 소개할게요.

주방 창문틀 가운데에 나무를 붙여 식기건조대를 박을 수 있도록 했고, 창문에는 무접착시트지로 멋을 냈어요. 창문이 없는 주방에도 설치가 가능한 나무 식기건조대니 만드는 과정을 하나하나 살펴보면서 응용해보셔도 좋을 거예요.

after

※ 편백나무(히노끼)
히노끼는 일본이 원산지로 우리나라에서는 편백나무로 불려요. 피톤치드라는 천연항균물질을 많이 함유해 살균작용이 뛰어나고, 물에 닿으면 향이 진하게 나기 때문에 히노끼탕으로도 유명하죠. 또 수분에 강해 습기가 많은 곳에서 사용하기 용이해서 요즘은 도마로 많이 사용하고 있어요.

before

🥫 Interior Set

편백나무 집성목, 목공용 본드, 전기타카, 갈매기타카핀, 망치, ㄱ자 선반대 6개, 피스, 전동드릴, 사포(600방), 샌더기, 얇은 선반틀 6개, 자, 연필, 수평자

98

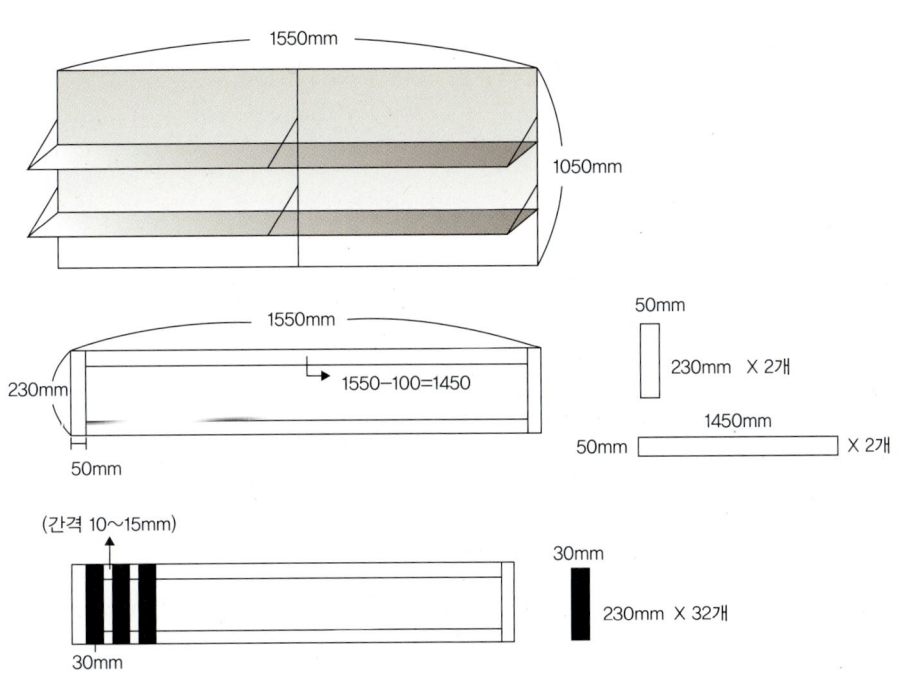

[몸체 : 편백나무 집성목 18T]
틀 세로 50mm × 세로 230mm × 4개
틀 가로 1450mm × 세로 50mm × 4개
정리대 30mm × 세로 230mm × 64개

설치하고자 하는 곳을 측정한 후 원하는 모양의 도면을 그리고, 크기를 계산해 나무를 주문하세요. 요즘은 리폼쇼
핑몰에서 주문할 때 원하는 크기로 절단도 해주니 크기만 정확하다면 완성도를 높일 수 있어요.

1. 주문한 나무가 제대로 왔는지 확인한다.
2. 건조대의 틀을 만들기 위해 틀용 나무에 목공용 본드를 발라 모양을 만든다.

3. 건조대 틀의 연결부분을 더욱 튼튼하게 만들기 위해 갈매기타카핀을 망치로 박는다. 이때 갈매기타카
   핀을 너무 세게 때리면 휠 수 있으니 주의한다.
4. 완성된 틀 위에 그릇 정리대로 사용할 나무의 위치와 간격(1~1.5cm)을 자와 연필로 표시한다.

5. 연필로 표시한 위치에 정리대용 나무들을 가조립해 위치와 간격을 확인한다.
6. 정리대용 나무에 목공용 본드를 발라 가조립한 위치에 하나씩 붙인다.
7. 목공용 본드를 건조시킨 후 전기타카를 사용해 조립을 완성한다. 본드가 건조되지 않은 상태에서 못이나
   타카를 사용하면 나무가 움직일 수 있다.

8. 조립을 마쳤으면 고운 사포로 표면이 매끈해질 때까지 건조대 전체를 사포질한다. 편백나무는 피톤치드를 발산해 항균작용을 하므로 우드스테인이나 오일페인트는 칠하지 않는다.

9. ㄱ자 선반대를 선반과 창문에 설치할 위치를 파악하고, 선반에 드릴이나 드라이버로 부착한다.

10. 창문에 건조대를 부착할 위치를 표시한 후 ㄱ자 선반대를 드릴로 부착한다. 부착 순서는 ①에 부착한 후 수평자로 수평을 잡고 ②에 부착한다. 그리고 마지막으로 ③에 부착하고 수평을 맞춘다.

11. 건조대에 그릇을 올려 세웠을 때 지지대역할을 해 넘어가지 않도록 하기 위하여, 얇은 선반틀을 건조대 위쪽에 부착한다.

상부장 없는 싱크대 선반으로
카페 같은 주방 만들기 by. 몽실이

수납장으로 수납의 걱정을 해결했다면, 상부장이 없는 횅한 벽면에 선반을 만들어보세요. 간단한 선반만으로도 카페풍의 주방으로 탈바꿈이 가능하답니다. 자주 사용하는 그릇들을 정리해 올려놓으면 보기도 좋고, 사용하기에도 아주 편리해요.

🎨 Interior Set

찬넬 기둥, 찬넬 받침대, ㄱ자 선반대, 선반용 나무, 전동드릴, 석고보드용 피스, 목재용 피스, 스테인, 붓, 샌더기, 사포(600방), 수평자

Interior Talks

600방 사포는 아주 고운입자의 사포로 종이재질이라 오래 사용하지 못해요. 사포를 2~3회 교체하면서 다듬으면 보다 매끄러운 나무의 표면을 얻을 수 있어요.

1. 설치할 선반의 예상 크기를 측정 후 선반의 폭과 길이를 정해 나무를 주문한다. 주문한 나무의 표면을 샌더기를 사용해 600방 사포로 다듬는다.

선반용 나무는 수축이 없고, 습기에 강한 삼나무집성목 18mm를 사용했어요.

2. 수평자를 이용해 수평을 맞추며 찬넬 기둥을 원하는 위치에 설치한다. 벽이 석고보드라면 석고보드용 피스를, 콘크리트벽이라면 비트로 구멍을 뚫고 설치한다.

3. 찬넬 기둥 설치를 다 했으면 선반용 나무에 찬넬 받침대를 붙이고, 찬넬 기둥에 높이를 정해서 설치한다.

4. 찬넬이 아닌 ㄱ자 선반대를 사용해도 벽에 선반을 설치할 수 있다.
5. 선반에 스테인이나 코딩제를 2회 칠해 마무리한다. 선반을 사포질할 때 미리 칠해도 된다.

PART 2 주 방 • **103**

변신·이동이 가능한 빈티지식탁상판 by. 몽실이

오랫동안 밥상 역할을 했던 식탁. 버리자니 아깝고, 새로 구입하자니 이것저것 걸리는 것 투성이에요. 게다가 반제품으로 만들었지만 상판은 원목이고 그동안 가족의 추억이 서려있다고 생각하니 더더욱 못 버리겠더라고요. 이럴 땐 리폼이 딱이죠! 기존 상판에 상처를 주지 않고 폭은 더 넓게, 두께는 두툼하게 해 안정감 있는 식탁 리폼으로 기존의 아쉬움을 채웠답니다.

after

before

🪣 *Interior Set*

상판 크기에 맞게 재단한 나무, 빈티지고재, 목재용 피스, 샌더기, 사포(150방, 400방), 전기타카, 건타카, 직소기, 목공용 본드, 스테인, 헝겊, 코팅제, 페인트용 붓, 가구용 페인트, 드릴비트

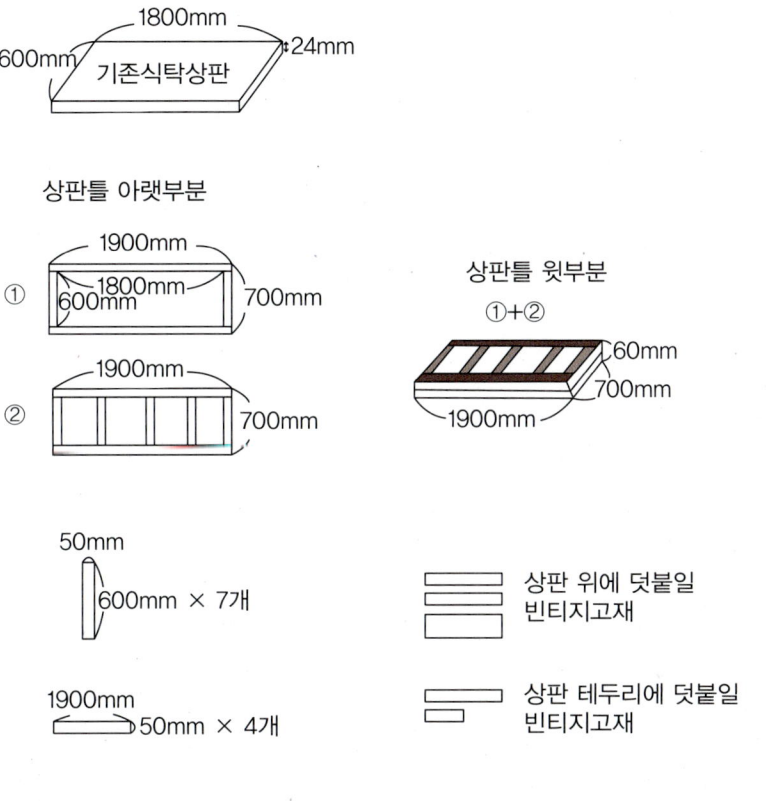

1800mm
600mm
기존식탁상판
24mm

상판틀 아랫부분

① 1900mm
1800mm
600mm
700mm

상판틀 윗부분
①+②
60mm
700mm
1900mm

② 1900mm
700mm

50mm
600mm × 7개

1900mm
50mm × 4개

상판 위에 덧붙일
빈티지고재

상판 테두리에 덧붙일
빈티지고재

[상판틀 : 미송집성목 30T]
가로 50mm × 세로 600mm × 7개
가로 1900mm × 세로 50mm × 4개

[상판 & 테두리 : 빈티지고재 10T]
가로 1900mm × 세로 110mm × 1개
가로 1900mm × 세로 130mm × 1개
가로 1900mm × 세로 230mm × 2개
가로 1900mm × 세로 60mm × 2개
가로 700mm × 세로 60mm × 2개

리폼할 식탁의 크기를 확인해 원하는 스타일의 상판을 구상하고, 도면을 그려요. 그리고 사용할 나무의 재질과 크기에 맞게 계산해 주문하세요. 두꺼운 식탁 상판을 원한다면 상판틀을 두 개 만들어 겹치고, 넓은 식탁을 원한다면 폭을 넓게 계산하면 돼요. 저는 빈티지 느낌의 식탁을 원했기 때문에 상판과 테두리 감싸기용 나무는 빈티지고재를 선택했어요.

1. 주문한 상판틀용 나무를 가
   조립해 주문한 크기가 맞는
   지 확인한다.

상판틀 아랫부분

상판틀 윗부분

2. 나무에 본드를 바르고 건타카를 사용하여 두 개의 틀을 만든다. 건타카를 이용하면 나무의 뒤틀림
   없이 단단하게 만들 수 있고, 본드가 잘 붙도록 도와 피스 작업하기에 좋다. 또 혼자 작업하기에도
   편리하다.

3. 연결 부분에 드릴비트로 피스기리를 내고, 피스를 박아 튼튼한 나무틀을 만든다. 나무두께
   30mm(3cm)를 사용했기에 피스의 길이는 50mm를 사용하는 것이 적당하다.

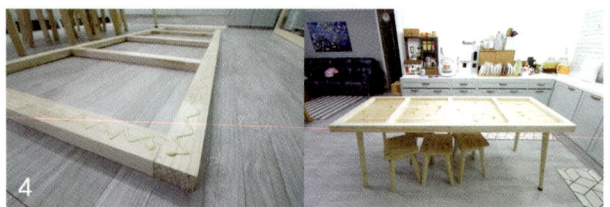

4. 윗상판이 될 상판틀(중간 다리가 있는 틀)을 아래에 두고 목공
   용 본드를 바른 뒤, 아래 상판틀을 올려 두 개를 붙인다. 피스기
   리를 내고 피스로 박아 고정시켜 두 틀을 튼튼하게 고정한다.

5. 상판과 테두리의 크기에 맞게 빈티지고재를 재단한다.

6. 상판과 테두리에 본드와 전기타카를 사용해 고재를 모두 붙인
   다. 타카 대신 못과 망치를 사용해도 좋다.

실내에서 사포질을 할 때는 나무에 물을 뿌리면 먼지가
날리는 것을 방지할 수 있어요. 물론 사포질을 마치면
잘 말려 나무의 물기를 제거해야 해요!

7. 완성된 상판을 샌더기나 사포로 사포질한다. 매끈한 표면을 위해 150방 사포를 2~3회 교체하면서 사포
   질하고, 마무리로 400방 사포를 사용해 사포질한다.

8. 상판과 테두리에 스테인을 바른다. 여기에 사용한 스테인은 앤티쿠아피니쉬 와이핑스테인으로, 밀크페인
   트와 섞어 사용하면 더 빈티지한 효과를 낼 수 있다.
9. 스테인의 자연스러운 얼룩이 빈티지한 느낌을 부각할 수 있도록 나무에 스며들기를 잠시 기다린 후 젖은
   천으로 닦아낸다. 스테인이 마르면 코팅제를 얇게 2회 칠한다.
10. 식탁다리에 흰색 가구용 페인트를 얇게 2회 칠한다. 마지막으로 상판을 400방 사포로 사포질해 더욱 매
    끈한 표면을 만든다.

어디에도 없는 우리 집만의 쌀과 잡곡 보관함 by. 몽실이

　사람은 자연을 떠날 수 없고, 인테리어는 나무를 떠날 수 없나 봐요. 나무가 주는 평화로움을 찾아 쌀과 잡곡 보관함을 만들었어요. 원래 사용하던 쌀통도 나무로 만들었는데 8년이 넘도록 사용했지만 걱정하던 쌀벌레가 생긴 적이 없어서, 그 경험을 토대로 쌀과 잡곡을 한 번에 보관할 수 있는 보관함을 생각했어요.

　사용한 나무는 삼나무집성목이에요. 삼나무는 내구성과 강도가 다른 목재에 비해 많이 약한 편이에요. 조금만 거칠게 다루면 금방 하자가 생기고, 살짝만 부딪혀도 자국이 남죠. 심할 때는 갈라지거나 부서지기도 해요. 하지만 인체에 좋은 피톤치드가 함유된 편백나무와 제일 비슷한 나무가 바로 삼나무랍니다. 삼나무는 특유의 향이 강한 편이고, 건조도 빠르고 수축이 거의 없으며 습기에도 강해요. 삼나무가 내뿜는 천연항균 덕분에 쌀벌레 걱정 없는 쌀 보관함으로 사용하기에 충분하답니다.

🪣 Interior Set

삼나무 목재, 목공용 본드, 전기타카, 고무망치, 사포(400방, 600방), 투명코팅제, 붓, 바퀴 4개, 뚜껑 손잡이 2개, 손잡이 2개, 전동드릴(드라이버)

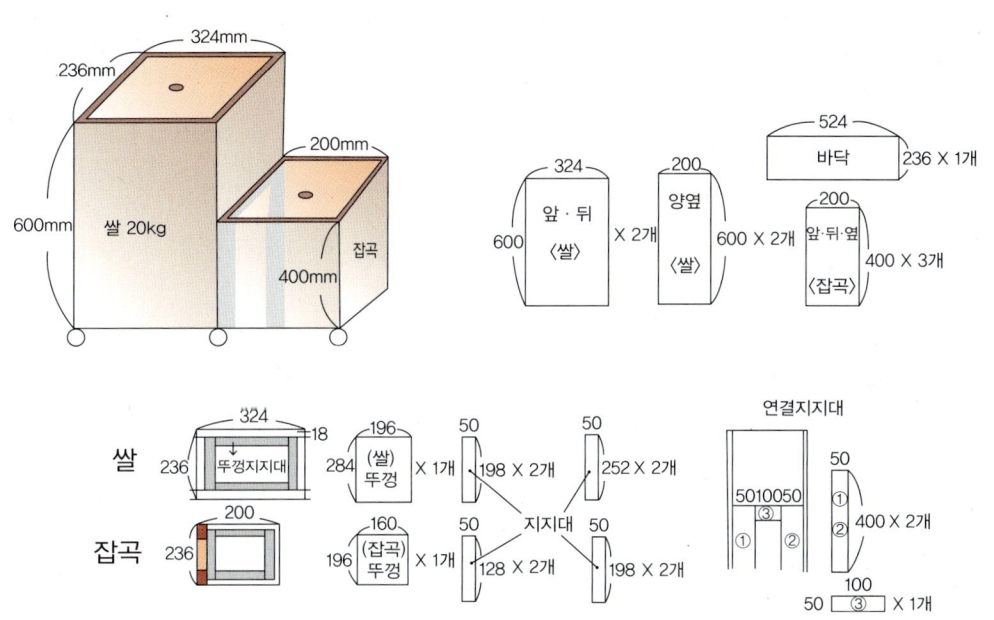

[쌀 · 잡곡 보관함 : 삼나무 18T]

쌀 보관함
앞 · 뒤판 = 가로 324mm × 세로 600mm × 2개
옆판 = 가로 200mm × 세로 600mm × 2개
하판 = 가로 524mm × 세로 236mm × 1개
뚜껑 = 가로 196mm × 세로 284mm × 1개
지지대 = 가로 50mm × 세로 198mm × 2개
　　　　 가로 50mm × 세로 252mm × 2개

잡곡 보관함
앞 · 뒤 · 옆판 = 가로 200mm × 세로 400mm × 3개
잡곡함 연결지지대 = 가로 50mm × 세로 400mm × 2개
　　　　　　　　　 가로 100mm × 세로 50mm × 1개
뚜껑 = 가로 160mm × 세로 196mm × 1개
지지대 = 가로 50mm × 세로 128mm × 2개
　　　　 가로 50mm × 세로 198mm × 2개

본인이 원하는 디자인을 구상하고 도면을 그려 주문할 나무의 크기를 계산하세요. 이렇게 도면을 그려 놓으면 나무를 받았을 때 도면을 보면서 어디어디에 쓰일 나무인지 확인할 수 있어요.

1. 주문한 나무를 가조립해 크기를 확인한다. 가조립해 확인을 안 하면 혹시라도 실수가 있을 경우에 난
   감한 상황이 생길 수 있으니 꼭 확인한다.
2. 쌀 보관함이 될 나무부터 조립한다. 양 옆면이 될 나무를 나란히 바닥에 놓은 채 목공용 본드를 칠하
   고 앞뒤용 나무를 붙인 후 전기타카로 고정한다.

3. 쌀 보관함 옆면에 잡곡함 연결 지지대를 목공용 본드를 칠해 붙
   인 후 전기타카로 고정한다. 그리고 잡곡함 앞뒤용 나무를 지지
   대에 연결하고, 잡곡함 옆용 나무를 연결한다.

4. 쌀 보관함과 잡곡함 몸체를 다 만들면, 뚜껑두께만큼 아랫부분에 뚜껑지지대 나무를 목공용 본드를 칠해
   붙이고 전기타카로 고정한다. 지지대 나무가 빡빡하다면 고무망치로 살살 두드려 넣는다.
5. 보관함을 뒤집고 바닥에 바닥면용 나무를 목공용 본드와 전기타카로 고정한다.
6. 사용하기 편리하도록 다리대신 바퀴를 부착한다.

7. 뚜껑용 나무에 손잡이를 부착한다.

8. 완성된 쌀과 잡곡 보관함을 400방 사포로 먼저 사포질하고, 600방 사포로 마무리해 매끈하게 만든다.

9. 사포질 후 생긴 먼지를 꼼꼼하게 붓으로 털어내고 청소기로 깔끔하게 제거한다.

10. 투명코팅제를 겉면에 얇게 2회 칠한다. 한 번 칠하고 2시간 이상 건조하는 방식으로 총 2회 칠한다.

11. 투명코팅제가 완전히 건조되면 손잡이를 원하는 위치에 달아 자리 이동시 끄는 용도로 사용한다.

튼튼한 호일심을 냄비받침으로 by. 몽실이

　주방에는 버리기엔 아깝지만 마땅히 사용하기도 애매한 것들이 많이 있지요. 그중에 하나가 그냥 버리기 너무 아까울정도로 튼튼한 호일심이에요. 그래서 호일심을 버리지 않고 모아 두었다가 필요한 생활용품으로 변신시켜 사용하고 있답니다. 호일심은 워낙 튼튼하다 보니 아이들 필통이나 장난감, 연필꽂이 등 사용할 수 있는 방법이 무궁무진해요.

　호일심의 업사이클링 리폼과정을 보시고 더 좋은 아이디어로, 더 멋진 재활용품을 완성해보세요.

🥫 *Interior Set*

호일심, 톱, 사인펜, 자, 밀크페인트(노란색), 페인트용 붓, 스텐실 도안, 스텐실 붓, 나사세트(볼트, 너트, 와셔), 양철손잡이(소), 드라이버, 글루건, 송곳

1. 원하는 냄비받침 두께만큼 사인펜으로 표시하고, 호일심을 돌리면서 톱으로
   자른다. 호일심은 원통형이라 돌리면서 잘라야 일정한 두께로 자를 수 있다.
2. 같은 두께로 7개를 절단하고 양철손잡이, 볼트, 너트, 와셔를 준비한다.

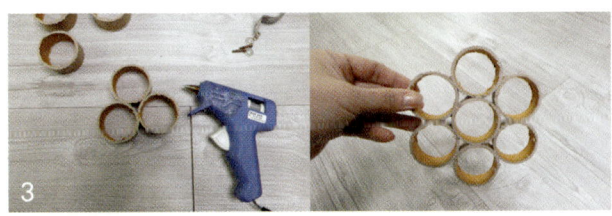

3. 호일심을 글루건을 이용해 원하는 모양으로 붙인다. 글루건은
   단시간에 굳어버리기 때문에 빠르게 붙여야 한다.

4. 냄비받침에 양철손잡이 위치를 사인펜으로 표시한 후 송곳으로 구멍을 뚫는다.
5. 양철손잡이를 볼트, 와셔, 너트로 냄비받침에 부착한다.
6. 완성된 냄비받침에 원하는 색상의 페인트를 얇게 2회 칠한다.

7. 페인트가 건조됐으면 원하는 모양의
   스텐실로 꾸며 완성한다.

오래된 가스레인지를 가스쿡탑 싱크대로 바꾸기 by. 수선화

결혼살림을 차릴 때부터 사용해오던 가스레인지가 10년이 지나니 고장났어요. 그래서 이때다 싶어 새롭게 바꾸고 주방과 어울리는 인테리어를 하기로 했지요. 마음은 유행하는 전기레인지로 바꾸고 싶었지만, 전선문제도 있고 전기시공비도 만만치 않아서 셀프인테리어가 가능한 가스쿡탑으로 결정했어요.

가스쿡탑으로 교체하기 전에 시공업체에 문의를 해보니, 직접 만들었을 경우 드는 비용보다 10만 원 정도 더 비싸더라고요. 그래서 인터넷 쇼핑몰을 이용해 가스쿡탑과 원목을 주문해 직접 만들기로 계획했어요. 이왕 원목으로 하기로 마음먹으면서 싱크대 상판까지 교체해버리니 싱크대가 넓어 보이고 훨씬 깔끔해졌어요.

after

before

🍯 *Interior Set*

가스쿡탑, 주문한 원목, 목공용 본드, 피스(나사), 전동드릴, 직소기, 기리, 자, 연필, 칼, 사포, 물티슈, 오일 혹은 스테인, 바니쉬

1. 원래 사용하던 2구싸리 가스레인지다. 옆 싱크대를 보며 가스쿡탑의 자리를 계산해 원목을 주문한다.
2. 주방에 습기가 많다면 습기에 변화가 없는 합판을 선택하고, 온습도 변화가 별로 없는 곳이라면 삼나무나 미송, 스프러스 등의 원목을 선택해서 주문한다.
3. 기본적인 틀은 앞과 뒤가 뻥 뚫리게 만든다. 뒤로는 가스배관이 들어오고, 앞으로는 문을 달아서 트레이 등을 보관할 수 있도록 개방한다. 피스와 목공용 본드를 이용해 조립한다.

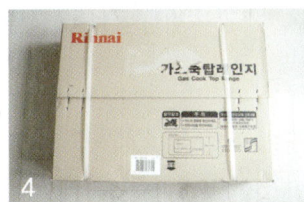
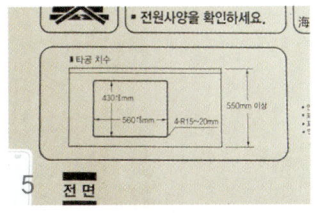

4. 인터넷 쇼핑몰을 적극 활용해 가스쿡탑을 구입한다.
5. 박스 전면에 보면 가스쿡탑이 들어갈 수 있는 타공 치수가 적혀있다. 기본적인 상판 폭은 550mm 이상이어야 하고, 쿡탑렌지가 들어가는 타공은 560mm × 430mm로 뚫어야 한다.

   구매한 가스쿡탑마다 치수는 다르니 꼭 확인하세요!

6. 소프트우드 보다는 하드우드를 선택하는 것이 좋다. 주문한 상판에 가스쿡탑이 들어갈 타공 치수를 그린다.

   레드파인 목재를 선택해서 주문했어요. 상판을 주문할 때 업체에 부탁하면 타공을 해주기도 하니까 꼭 확인해보세요.

  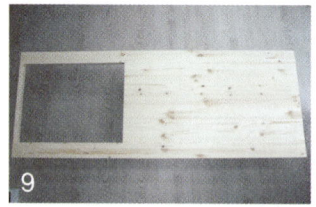

7. 직소기 날이 들어갈 수 있도록 기리로 구멍을 뚫는다.

8. 기리로 뚫은 구멍에 직소기 날을 넣고 표시한 선대로 조심조심 자른다.

9. 사진처럼 사각형으로 뚫으면 된다.

10. 사포로 결을 곱게 정리하고, 나무먼지는 물티슈로 깨끗이 닦는다.

11. 상판에 오일이나 스테인으로 색을 입히고, 물에 강하도록 바니쉬를 3~4번 꼼꼼하게 칠한다.

바니쉬를 칠해야 코팅이 되어 청소하거나 관리하기 수월해요.

12. 기존 싱크대의 상판을 분리한다. 상판 주위로 실리콘이 있으면 칼로 제거하고, 상판 아래쪽이 피스로 고정되어 있으면 풀어 분리한다.

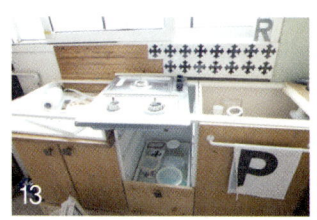 

13. 기존 상판을 제거한 후 처음에 만들었던 수납장을 가스쿡탑 자리에 올린다.

14. 만들었던 원목 상판을 올리고 가스쿡탑을 끼우면 완성이다. 가스배관 연결시 반드시 도시가스업체를 불러 연결하도록 한다.

Tip

싱크대 상판을 모두 바꾸기 부담스러운데?!

싱크대 상판을 일체로 모두 바꾸기 부담스럽거나, 저희 집과 구조가 다른 집이신가요? 그렇다면 사진처럼 주변과 어울리는 재료로 가스쿡탑을 만들어도 좋아요. 가스쿡탑이 들어갈 자리의 치수를 계산해서 재료를 주문할 때, 그 크기만큼만 상판을 만들면 간단히 만들 수 있어요.

116

싱크대벽에 독특한 느낌의 타일 붙이기 by. 수선화

주방에서 가장 큰 부분을 차지하는 것이 싱크대지만, 가전제품처럼 오래되었다고 교체를 하기엔 너무 어렵죠. 저희 집에는 20년 가까이 사용한 싱크대가 있어요. 그래도 리폼을 하면서 나름 깨끗하게 사용하고 있던 중, 싱크대 문짝을 원목 문짝으로 바꿔주는 이벤트에 당첨되었어요. 덕분에 어마어마한 가격의 원목 문짝을 지원받아 주방을 새롭게 꾸며 주부만을 위한 공간으로 만들 수 있었어요.

처음에는 싱크대를 원목으로 바꾼 것만으로도 주방 분위기가 너무 좋았는데, 시간이 지날수록 포인트가 없는 주방이 지루해지기 시작했어요. 가스레인지의 열과 튀는 기름으로 원목의 색이 변하기도 했고요. 그래서 밋밋한 주방에 포인트도 주고, 가스레인지의 열도 해결할 겸 타일을 붙이기로 했어요. 타일은 붙이기 쉬운 모자이크타일과 포인트용 패턴타일을 선택! 어렵지 않으면서도 주방 분위기를 180° 바꾸는 타일시공, 지금부터 시작해볼까요.

after

before

🎨 *Interior Set*

모자이크타일, 패턴타일, 타일 보수용시멘트, 타일 줄눈용보수제, 톱니헤라, 칼, 자, 고무장갑 혹은 위생장갑, 스펀지, 행주

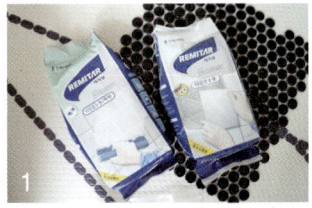

1. 타일 작업을 위해 붙일 타일과 타일 보수용시멘트, 타일 줄눈용보수
   제를 준비한다.
2. 타일 보수용시멘트를 설명서를 보고 비율을 맞춰 반죽한다.

3. 벽에 시트지를 붙여서 사용했을 경우, 시트지를 먼저 제거한다.
   타일을 붙일 곳에 톱니헤라를 이용해 보수용시멘트를 바른다.

4. 모자이크타일을 공간에 맞춰 칼로 시트를 재단해서 붙이고, 하루 정도 충분히 말린다.
5. 줄눈용보수제를 치약 농도 정도로 반죽한다.
6. 고무장갑이나 위생장갑을 끼고 줄눈용보수제를 타일 사이사이에 잘 채운다. 30분 정도 지난 후 스펀지나
   행주로 타일 위에 묻은 줄눈용보수제를 여러 번 닦아낸다.

 맨손으로 줄눈용보수제를 만지면 손이 많이 상해요!

7. 가스레인지 앞쪽에는 패턴타일을 붙여 포인트를 줄 것이다.

8. 마음에 드는 패턴타일을 준비한다.

9. 사진처럼 타일을 붙일 면적이 좁다면 타일 뒷면에 보수용시멘트를 발라서 붙인다.

10. 고무장갑이나 위생장갑을 끼고 줄눈용보수제를 타일 사이사이에
    잘 채운다.

11. 줄눈용보수제를 바른지 30분 정도 지난 후 행주나 스펀지로 타일
    위에 남아 있는 줄눈용보수제를 닦아낸다.

양념병에 딱 맞는 맞춤 선반 만들기 by. 수선화

맛있는 요리를 위해 필요한 것이 양념이죠. 기본적인 설탕, 소금, 고춧가루와 간장, 식용유, 매실청, 참기름 등의 액체양념류, 국의 육수를 내는데 필요한 다시멸치, 건다시마, 건새우 등 요리 하나에도 얼마나 많은 양념들이 필요한지요.

양념병 정리를 위해 시중에서 판매하는 선반장을 몇 번 사서 사용해봤지만, 쫙 늘어져 있어서 지저분해 보이고, 양념병에 딱 맞는 게 없어 정리하기 불편하더라고요. 그래서 없으면 만들자! 깔끔한 정리로 보기에 좋고, 사용하기에도 편리한 양념병 크기에 맞춘 선반이에요.

🥫 *Interior Set*
주문한 목재, 전동드릴, 이중기리, 나사, 목공용 본드, 가구용 페인트, 스테인

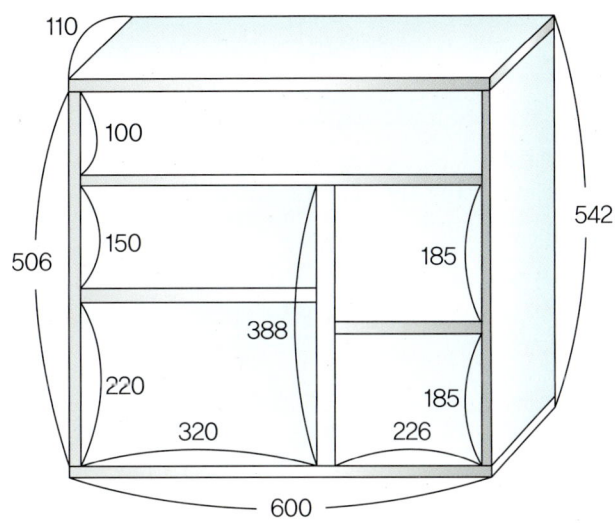

[몸체 : 삼나무 18T]
상 · 하판 = 가로 600mm × 세로 110mm × 2개
옆판 = 가로 110mm × 세로 506mm × 2개
중간판 = 가로 564mm × 세로 110mm × 1개
　　　　가로 320mm × 세로 110mm × 1개
　　　　가로 226mm × 세로 110mm × 1개
　　　　가로 110mm × 세로 388mm × 1개

[뒤판 : 미송합판 4.8T]
가로 600mm × 세로 542mm × 1개

집에서 사용하고 있는 양념병의 크기에 맞춰 도면을 그리세요. 상하좌우 간격이 조금 여유 있어야 양념병을 넣고 뺄 때 편리해요.

1. 도면의 사이즈대로 삼나무18T를 주문한다.
2. 조립하기 전 어떻게 만들지 가조립하여 위치를 확인한다.
3. 가운데 우측 선반부터 조립한다. 조립할 부분에 이중기리로 먼저 나사길을 내고, 목공용 본드를 발라 조립한다.

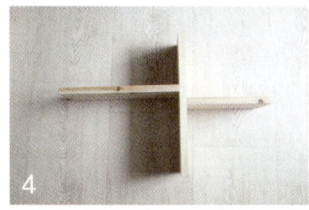 

4. 좌측 선반도 같은 방법으로 조립한다.
5. 왼쪽과 위쪽 선반을 조립한다.

6. 오른쪽 선반을 조립하고, 위아래 선반을 조립한다.

7. 뒤판을 먼저 붙이면 페인트칠하기 어려우니, 붙이기 전에 원하는 색상의 페인트나 스테인으로 칠한다.
8. 뒤판을 붙이면 완성이다.

절연테이프를 이용해 창문 꾸미기 by. 수선화

보통 싱크대 앞에는 커다란 창문이 있잖아요. 창문에 셀프 인테리어를 하는 경우엔 버티컬 블라인드를 다는 방법이 일반적인데, 이런 거창한 재료가 아닌 전선을 감을 때 사용하는 절연테이프 하나로 더 독특하게 꾸며봤어요.

커다란 창문은 자칫 심심한 느낌을 줄 수 있는데, 검은색의 절연테이프 하나만으로 이렇게 붙이고, 저렇게 붙이면 어느새 독특한 느낌의 창문이 완성된답니다. 독특한 패턴으로 꾸민 창문은 주방의 또 다른 인테리어 포인트가 돼요. 절연테이프 이외에도 라인테이프나 시트지 등 어느 것이든 상관없이 붙일 수만 있다면 모두 좋은 인테리어 재료가 될 수 있어요. 쉽게 구할 수 있는 재료를 활용하여 독특한 느낌의 창문 인테리어를 해보세요.

after

before

🥫 *Interior Set*
절연테이프(혹은 라인테이프나 시트지), 자, 가위, 칼, 레터링시트지

126

1. 보통 싱크대 앞에 있는 창문은 이렇게 휑하기만 하다.
2. 전선을 감을 때 사용하는 절연테이프를 준비한다.
3. 창문 중간쯤에 가로로 4줄 붙인다. 테이프의 간격은 창문 크기에 따라 다른데, 8cm로 했다.

4. 가로로 붙일 때와 같은 간격으로 세로로 7줄 붙인다.
5. 사진과 같이 육각형 모양을 만들기 위해 사선으로 8군데 붙인다.
6. X표 모양으로 테이프를 붙인다.

7. X표 모양이 있는 네모 칸의 위 아래 테이프를 칼로 잘라낸다.
8. 잘라낸 네모칸의 양옆 테이프를 칼로 잘라낸다. 그리고 세로로 붙인 테이프의 위아래를 반듯하게 잘라낸다.
9. 반대쪽 창문도 같은 방법으로 붙이면 완성이다.

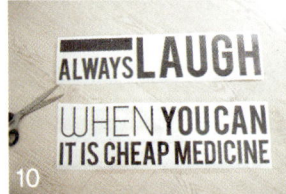  

10. 9번까지만 붙여도 좋지만, 카페 같은 느낌을 원한다면 레터링시트지를 준비한다.

11. 절연테이프로 붙인 독특한 문양 아래에 레터링시트지를 붙인다.

12. 레터링시트지를 붙이면 또 다른 느낌의 인테리어를 만들 수 있다.

누레진 원목싱크대의 변신! by. 수선화

지금 사는 집에 이사 왔을 때, 오래됐지만 비교적 깨끗한 싱크대가 있었어요. 버리기엔 너무 아까워서 싱크대 상판과 문을 원목으로 바꿔 프로방스한 느낌으로 사용하고 있었어요. 하지만 시간이 지나면서 누레지는 원목의 특성상 점점 보기가 싫어지더라고요. 이제 또 새롭게 변화를 줄 시기가 온 듯해요.

싱크대는 간단한 페인트칠만으로도 전혀 다른 느낌을 만들 수 있어요. 상부장은 깔끔한 하얀색으로, 하부장은 어두운 회색으로 칠하고, 문짝에는 몰딩을 붙여 조금 클래식한 느낌을 주었어요. 이전의 프로방스한 느낌이, 페인트칠만으로 훨씬 깔끔하고 깨끗한 주방으로 바뀌었죠.

주방에 변화를 주고 싶을 때, 싱크대가 비교적 깨끗하다면 비싼 돈 들여 전체를 바꾸지 말고, 간단하게 페인팅만으로 분위기를 확 바꿔보는 것은 어떨까요.

after

before

🍯 *Interior Set*

메꿈이, 사포, 몰딩, 목공용 본드, 나일러 타카, 프라이머(던에드워드 울트라그립 프라이머), 가구용 페인트, 페인트 붓, 롤러, 문짝용 손잡이, 손잡이 나사, 자, 연필, 기리

1. 손잡이를 떼어내고, 메꿈이로 구멍을 잘 메운다.
2. 사포를 이용해 전체적인 샌딩을 한다.
3. 문짝에 붙일 몰딩 뒷면에 목공용 본드를 두껍지 않게 바른다.

4. 상부장과 하부장 모든 문짝에 나일러 타카로 몰딩의 양쪽을 쏴서 붙인다.
   몰딩의 벌어진 접합부분은 메꿈이로 메운 후 사포로 샌딩한다.

5. 페인트를 칠하기 위해 젯소를 칠한다. 젯소는 두껍게 1번 칠하는 것보다는 아주 얇게 2번 칠하는 것이 더 좋다.
6. 먼저 붓으로 몰딩의 구석진 곳을 칠하고, 마르기 전에 롤러로 몰딩의 윗부분을 칠한다.
7. 몰딩 부분을 먼저 칠한 후 나머지 부분을 칠하면 얼룩 없이 깨끗이 페인트를 칠할 수 있다. 같은 방법으로
   2~3회 칠한다.

8. 싱크대의 상부장과 하부장 모두 페인트칠을 마친다.
9. 손잡이는 문짝 안쪽에서 나사로 고정하는 방식이므로 양쪽 나사의 간격을 확인한다.
10. 문짝 앞부분에 자로 쟀던 나사사이의 간격을 표시하고, 나사와 같은 두께의 기리로 구멍을 뚫은 후 손잡
    이를 달면 완성이다.

클래식한 느낌의 식탁&의자 만들기 by. 수선화

4인 가족이지만 아이들이 커가니 넷이 모여 밥 먹는 시간이 점차 줄어들더라고요. 게다가 사용하던 4인 대리석 식탁은 좁은 집에 부담스럽고, 대리석 상판에 팔이 닿을 때 느껴지는 차가움도 싫었어요.

그래서 식탁을 바꿔 주방의 인테리어를 변신시키고자 한때 유행했던 올록볼록한 로구로 다리를 이용해 아담한 2인 식탁을 만들었어요. 식탁 상판을 원목으로 만들어 따뜻하고 포근함을 더해 대리석의 차가운 느낌을 빼고, 식탁에 맞게 프렌치한 스타일로 의자를 만드니 시크하면서도 클래식한 주방 인테리어가 완성되었답니다.

Interior Set

로구로식탁 만들기 세트(바우엔홈 테이블아트23), 식탁 상판, 꺽쇠, 미세스 클래식 의자(문고리닷컴 미세스클래식식탁의자), 가구용 페인트, 페인트용 붓, 오일 마감재, 사포(220방), 전동드릴, 피스(나사)

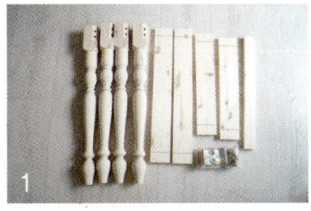  

1. 로구로 다리가 들어있는 식탁 만들기 세트를 준비한다. 세트 주문은 식탁 상판의 크기로 주문하면 된다.
2. 사진에 보이는 것은 브라켓으로 식탁다리와 식탁보조목을 연결할 때 사용한다.
3. 보조목을 네모 모양으로 놓고 브라켓을 홈에 끼워 피스로 고정한다.

4. 조립된 보조목 아래에 식탁 상판을 깔고 위치를 맞춘다.
5. 꺽쇠를 이용해 상판과 보조목을 고정한다.
6. 꺽쇠를 넓은 쪽은 2~3개, 짧은 쪽은 1~2개 박으면 나중에 상판이 휘는 걱정을 덜 수 있다.

7. 4개의 식탁다리를 브라켓에 연결하면 완성이다.
8. 식탁다리를 페인트(던에드워드 에베레스트 반광 DEA187)로 한 번 칠하고 말린 후, 220방 사포로 샌딩하고 다시 한 번 칠한다.

9. 오일 마감재(아우로 오일)로 식탁 상판을 칠한다.

 천연 아우로 하드오일 126번은 밝은 꿀색으로 약간의 광이 나요. 오일이나 왁스로 마감을 하기 전에 바르기도 하고, 마감작업으로 바르기도 해요. 코팅이 되어있거나 페인트칠한 곳에는 사용할 수 없고, 칠이 되지 않은 원목이나 집성목에 칠할 수 있어요. 한번 바르고 24시간이 지나 완벽히 말린 후 재도장 하세요. 3~4번 반복해서 바르면 목재가 더 단단해지고, 결이 더 선명하게 드러나요. 바를 때는 메리야스 천 같은 면 헝겊을 사용하여 바르는데, 다 바르고 난 헝겊은 반드시 펼쳐서 말린 후에 폐기해야 해요. 그렇지 않으면 자연발화를 일으킬 수 있으니 조심하세요.

10. 예쁜 로구로다리 테이블이 완성되었다.
11. 주문한 의자다. 원하는 색으로 칠하기 위해 원목상태로 주문했다.

12. 식탁다리에 칠한 색보다 살짝 회색에 가까운 색의 페인트(던에드워드
    에베레스트페인트 DE6350)를 의자에 칠한다.
13. 페인트를 칠하는 기본 방식대로 한 번 칠하고 마른 후 220방 사포로
    샌딩, 그리고 다시 한 번 더 칠하면 완성이다.

IT'S AN
AWESOME
DAY

THANK
Ü

식탁정리는 나에게 맡겨라!
식탁정리함 만들기 by. 수선화

    식탁은 식사만 하는 공간이 아니죠. 물이나 차도 마시고, 비타민 같은 영양제도 먹는 등 집안에서 '먹는다, 마신다'와 관련된 모든 행동이 이루어지는 곳이에요. 그래서 컵, 수저, 젓가락, 이쑤시개, 휴지, 일회용 티백 등 많은 것들을 식탁에 올려놓고 사용해요. 식탁이 집안에서 가장 어지럽고 정리가 안 되는 공간인 이유가 바로 여기에 있어요.

    그래서 식탁에 너저분하게 있는 모든 것을 정리할 식탁 위 정리함을 만들었어요. 컵이나 찻잔 같이 바로 사용해야 할 식기는 선반을 만들어 깔끔하게 정리하고, 각티슈와 이쑤시개, 영양제, 티백 등은 수납함에 넣어 한 번에 정리할 수 있도록 만들었어요. 정리함을 식탁크기에 맞추고, 주변 인테리어와 어울리게 색을 입히면 마치 한 세트처럼 보여 더욱 깔끔한 공간으로 만들 수 있어요.

🥫 *Interior Set*

주문한 목재, 톱이나 직소기, 목공용 본드, 나일러 타카, 자, 연필, 가구용 페인트, 롤러, 붓, 전동드릴, 기리, 손잡이, 손잡이나사, 경첩, 송곳, 피스, 빠지링

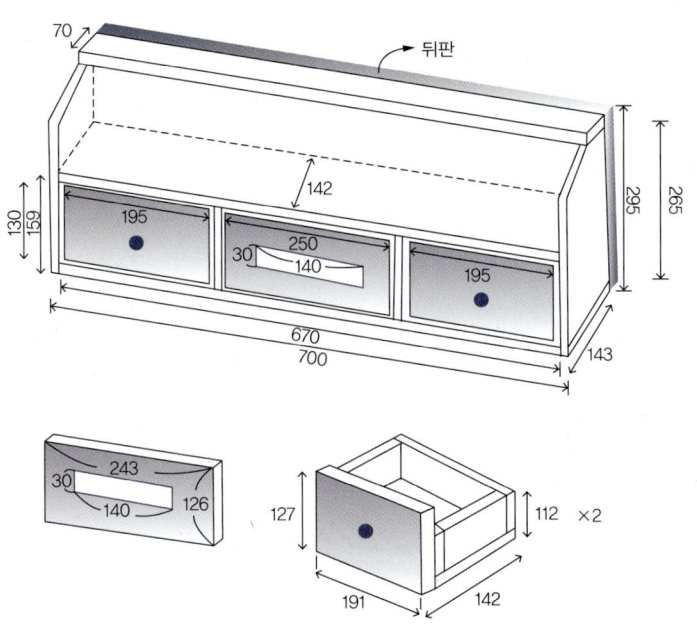

[몸판 : 삼나무 15T]
상판 = 가로 700mm × 세로 70mm × 1개
하판 = 가로 700mm × 세로 143mm × 1개
중간판 = 가로 670mm × 세로 143mm × 1개
옆판 = 가로 143mm × 세로 265mm × 2개
가로막이 = 가로 143mm × 세로 130mm × 2개

[뒤판 : 미송합판 4.5T]
가로 700mm × 세로 295mm × 1개

[서랍 : 삼나무 15T]
앞판 = 가로 191mm × 세로 126mm × 2개
가로판 = 가로 191mm × 세로 98mm × 4개
세로판 = 가로 98mm × 세로 98mm × 4개
하판 = 가로 127mm × 세로 191mm × 2개
각티슈 앞판 = 가로 243mm × 세로 125mm × 1개
　　　　　　　중간에 가로 140mm × 세로 30mm 타공

🙂 도안은 만들려고 하는 것의 전체적인 구상과 목재를 주문하기 위해 필요해요.
가로의 길이를 식탁에 맞추면 세트 제품의 효과를 볼 수 있어요.
서랍앞판은 좌우로 조금씩 여유를 주면 열고 닫기를 잘 할 수 있어요.
각티슈함 앞판은 아래에 미니 경첩을 달기 위해 약 5mm 정도 여유를 주세요.

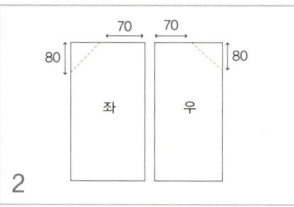

1. 도안을 보고 필요한 목재를 주문한다.
2. 양 옆판의 위를 사선으로 잘라내면 시각적으로 덜 답답해 보인다. 목재 살 때 요청해도 되고, 톱이나 직소기로 잘라도 된다.
3. 주문한 목재가 잘 맞게 왔는지 가조립해서 확인한다. 정리함 조립은 목공용 본드와 나일러 타카를 이용한다.

4. 몸판 아래에 붙일 가로막이 위치를 연필로 표시한다.
5. 아래판과 중간단을 가로막이로 고정한다.
6. 양 옆판을 고정한다.

7. 위판을 고정한다.
8. 뒤판까지 고정하면 완성이다.
9. 이제 서랍을 만드는 방법이다. 도안과 같은 모양으로 서랍안쪽을 조립한다.

10. 서랍을 몸체 안에 넣고 서랍앞판을 목공용 본드로 붙인다. 서랍과 서랍앞판이 딱 붙을 수 있도록 책으로 위에서 반나절 정도 눌러놓는다.

11. 각티슈함 앞판에는 휴지가 나올 구멍을 뚫어야하는데, 자재를 주문할 때 타공서비스를 이용하면 편리하다. 그럴 상황이 안 되면 안쪽에 직소기 날이 들어갈 수 있는 구멍을 기리로 뚫은 후 직소기로 뚫는다.

12. 몸체는 흰색으로, 서랍 앞판과 각티슈함 앞판은 검은색 페인트로 칠한다.

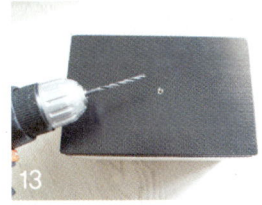  

13. 서랍앞판에 손잡이를 달기 위해 손잡이 나사가 들어갈 구멍을 기리로 뚫는다.

14. 서랍안쪽에 서랍나사를 끼워 넣고, 서랍바깥쪽에서 손잡이를 나사에 끼운다.

15. 각티슈함 앞판에 경첩을 달기 위해 송곳이나 얇은 기리로 구멍을 뚫는다.

 피스로 바로 박으면 나무가 갈라질 수 있어요.

16. 앞판에 미니경첩을 먼저 달고, 몸체에 피스로 고정한다.

17. 서랍 문 안쪽에 15mm의 공간을 띄우고 빠지링의 자석 부분을 단다.

18. 앞판에는 빠지링의 쇠막대를 고정하면 완성이다.

19. 영양제, 이쑤시개, 면봉, 각티슈, 티백 등을 공간에 맞게 잘 정리한다.

사용하던 보조조리대 리폼으로 분위기 변신!! by. 수선화

저희 집 주방은 싱크대 쪽에 전기 작업이 되어 있지 않아서 밥솥이나 전자레인지, 커피포트 등을 사용할 수가 없어요. 때문에 전기 작업이 되어 있는 이곳에 반제품으로 나온 아일랜드 식탁을 만들어 보조조리대로 사용하고 있죠. 그런데 사용하다 보니 불편한 점이 있더라고요. 그래서 주방에 어울리게 리폼을 해봤어요.

서랍을 만들고, 전자레인지와 밥솥을 모두 가릴 수 있게 문을 달았어요. 그리고 싱크대, 식탁과 같은 느낌이 되도록 어두운색으로 바디를 칠하고, 상판을 원목으로 올리니 근사한 보조조리대가 완성! 전자레인지와 밥솥이 숨어있고, 아래엔 넉넉한 수납으로 믹서나 텀블러 등 온갖 주방소품을 다 보관할 수 있어요. 여기에 간단하게 상부장을 만들어 컵도 걸고, 키친클로스도 거니 카페느낌이 물씬 풍겨요. 커피도 내리고, 식빵도 굽고, 맛있는 음료도 만들 수 있는 작은 홈카페가 절로 만들어진 기분이에요.

카페 같은 보조조리대는 일상이 바쁜 워킹맘에게 주부로서 행복한 시간을 만드는 공간이 되고 있답니다.

🥫 *Interior Set*

반제품 아일랜드식탁, 상부장용 미송합판 15T, 기리, 이중기리, 드릴비트, 전동드릴, 메꿈이, 사포(180방, 600방), 젯소, 페인트(던에드워드 에베레스트 페인트 DE6343, dea187), 페인트붓, 롤러, 상판용 아카시아나무 18T, 샌더기, 아우로 하드오일 126번, 일회용장갑, 양말, 면 헝겊, 목공용 본드, 꺽쇠, 파이프주방걸이 2개

1. 반제품 아일랜드식탁의 원래 모습이다. 전자레인지와 밥솥이 그대로 노출되어 있다.
2. 전자레인지 위로 남는 공간에 서랍을 하나 짜서 넣고, 전자레인지 앞에는 문을, 밥솥 앞에는 천을 달아 가려서 사용했었다.
3. 옆에는 작은 수납장을 하나 만들어서 반제품 아일랜드 식탁과 연결해 수납했었다.

4. 지금부터 리폼을 시작한다. 보조조리대의 상부장을 만들기 위해 미송합판 15T로 벽 쪽과 위, 옆판을 준비한다.
5. 옆면을 먼저 조립한다.

Tip

여기서 잠깐!!

미송합판을 사용해서 소품이나 가구를 만들 때는 기리를 이용해 구멍을 한 번 더 뚫어야한다.

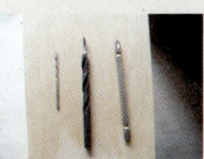 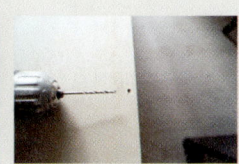 

1. 왼쪽부터 기리, 이중기리, 드릴비트다. 원목을 조립할 땐 이중기리와 드릴비트만 있으면 되는데, 미송합판을 조립할 땐 기리가 더 필요하다.
2. 먼저 기리를 이용해 피스가 들어갈 구멍을 깊이 낸다.
3. 뚫은 구멍에 이중기리를 이용해 나사머리가 들어가도록 한 번 더 뚫는다.

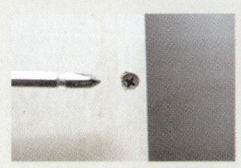  

4. 피스를 이용해 조립한다.
5. 메꿈이를 이용해 나사머리자리를 감춘다. 다 마르면 사포로 문질러서 표시를 없앤다.
6. 기리로 나사길을 깊이 내지 않으면 이렇게 갈라지는 현상이 나타나기 때문에 주의한다.

6. 윗면을 조립한다.

7. 블랙이지만 살짝 연한 색을 내기 위해 던에드워드 에베레스트 페인트 DE6343과 dea187을 반반 섞는다.

8. 바닥까지 완벽하게 섞는다.

  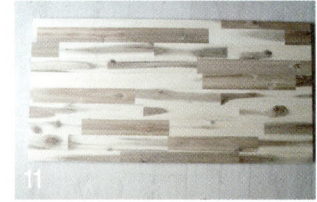

9. 모서리 부분을 붓으로 먼저 칠한다.

10. 나머지는 롤러로 칠한다. 사포질하고 페인트칠하고, 마르면 다시 사포질하고 페인트칠을 한다. 어두운 색이라 2회 정도 칠하면 완벽하게 커버가 된다.

11. 상판은 아카시아 나무 18T로 준비한다.

12. 사포 180방으로 가장자리를 샌딩해서 둥글게 만들고, 600방으로 상판의 결방향대로 샌딩한다.

13. 아우로 하드오일 126번을 준비한다.

14. 일회용장갑을 끼고, 면 헝겊이나 신지 않은 양말에 아우로 오일을 듬뿍 묻힌다.

15. 목재에 깊이 스며들도록 넉넉하게 바른다. 30분 이내로 남은 오일을 다른 면 헝겊으로 닦아낸다.

16. 24시간이 지나 완벽히 마르면 600방사포로 결을 따라 샌딩하고, 다시 같은 방법으로 오일을 바른다. 남은 오일은 마른 면 헝겊으로 닦아내고, 또 24시간 말리기를 3~4번 반복한다. 아니면 2번 정도 칠한 후 왁스로 코팅을 해도 좋다.

17. 상부장과 같은 색의 페인트로 바디를 칠한다. 코팅이 되어 있다면 젯소를 바르고 페인트칠한다.

18. 밥솥이 들어가는 자리도 문을 달아 가린다. 문 사이즈는 전체사이즈에서 가로와 세로로 0.4cm 정도 작게 정하면 된다.

19. 상판을 바꾸기 위해 기존의 상판을 분리한다.

20. 오일로 마감한 아카시아나무 상판을 올린다.

  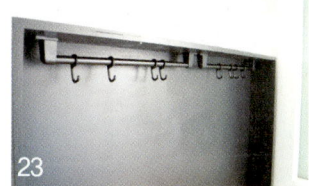

21. 상부장은 목공용 본드와 꺽쇠를 이용해 양쪽으로 고정한다.

22. 파이프주방걸이를 2개 준비한다.

23. 조립해서 달면 완성이다.

두 여자의 셀프 인테리어

***

아이방

패널 벽과 벽지, 덧창 페인트칠하기 by. 몽실이

고등학생이 되면서 취향이 강해진 아들의 요구에 따라 페인트를 칠했어요. 밋밋하기만 했던 벽을 패널로 새롭게 꾸미면서 전체적인 리모델링을 시작했죠. 벽지는 기존 벽지를 둔 상태로 벽지용 페인트를, 패널벽과 덧창은 가구용 페인트를 칠했어요.

🎨 Interior Set

벽지용 페인트, 가구용 페인트, 마스킹테이프, 커버링테이프, 페인트용 붓, 롤러, 트레이, 나무선반(미송집성목), 꺽쇠 10개, 전동드릴, 직소기, 사포, 메꿈이, 연필

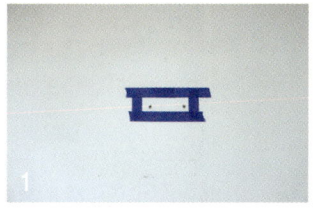  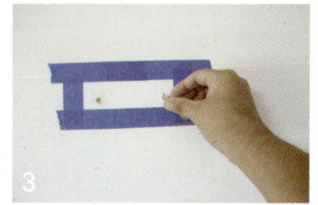

1. 벽지에 페인트칠을 하기 전에 선반이 달려있던 부분의 보기 흉한 나사자국을 없애는 보수 작업을 해야 한다.

2. 메꿈이는 목재를 메울 때 사용하기도 하지만 벽에 나사나 못 자국을 없앨 때도 유용하다. 건조시간도 빨라서 사용하기에 아주 좋다.

3. 나사 자국이 있는 곳에 메꿈이를 최대한 꾹꾹 눌러 넣어 메우고 건조한다.

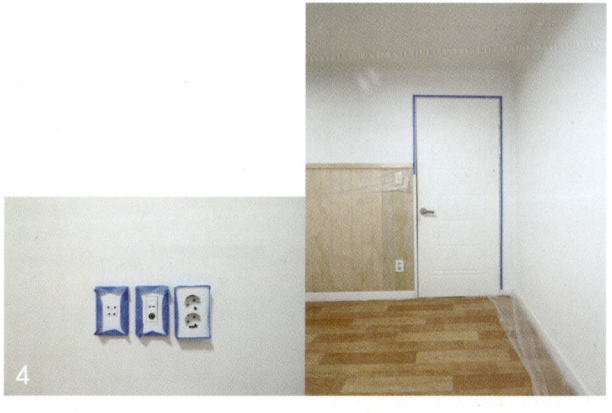 

4. 페인트를 칠하기 전, 페인트가 묻지 말아야 할 부분에 마스킹테이프와 커버링테이프를 적절히 사용하여 붙인다.

5. 롤러로 칠하지 못하는 좁은 부분부터 붓으로 페인트칠한다.

6. 롤러를 이용하여 넓은 면적을 총 2회 칠한다.

   건조는 최소 2시간 이상하고, 2회 재칠을 해야 해요.

7. 미송패널(옹이)로 나무 선반을 설치한다. 벽에 맞게 두께 18T × 폭 10cm짜리의 미송집성목과 꺽쇠를 사용한다.

8. 선반이 자리할 위치에 패널을 올려 연필로 선을 그어 꺾쇠 자리를 표시한다.

9. 선반패널에 꺾쇠를 박고, 벽 허리몰딩 위에 올려 나머지 꺾쇠를 전동드릴을 사용하여 박는다. 원하는 목재의 사이즈를 절단해 구입하고, 꺾쇠로 선반을 달면 된다.

10. 방문 입구 옆에 각진 선반부분은 부딪히거나 부상의 우려가 있으니 직소기로 둥글게 절단하고 사포질로 다듬는다.

11. 벽 선반과 패널, 덧창 등 페인트가 묻지 말아야 할 부분을 중심으로 마스킹테이프를 붙인다.

12. 가구용 페인트 검정색과 트레이, 붓, 롤러를 준비한다.

13. 붓으로 창틀과 패널 벽, 바닥몰딩에 페인트를 칠한다.

14. 넓은 면적을 중심으로 롤러로 페인트칠한다. 페인트는 보통 2회를 권장하나, 추후에 색상을 바꿀 것을 생각해 1회만 칠해도 된다.

휴지심과 재활용나무로 만드는 헤드셋 걸이 by. 몽실이

    음악을 듣는 취미가 생긴 아이가 헤드셋을 착용하고는 혼자 얼마나 흥얼거리고 있던지 가만히 보고 있으면 제가 다 신이나요. 그러나 단점은 엄마가 부르는 소리를 잘 못 듣는다는 거에 있더라고요. 저도 학창시절에 노래를 듣고 따라 부르면서 스트레스를 해소했는데 아이도 아마 그런 모양이에요.

    헤드셋은 정리를 잘하지 않으면 쉽게 고장 나기 때문에 헤드셋 걸이를 만들었어요. 헤드셋 걸이를 만들어 놓으니 정리도 쉽고, 인테리어에도 한 몫 해 아주 마음에 들어요.

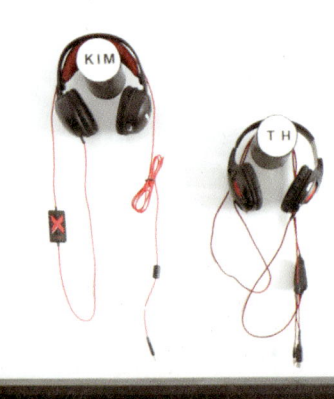

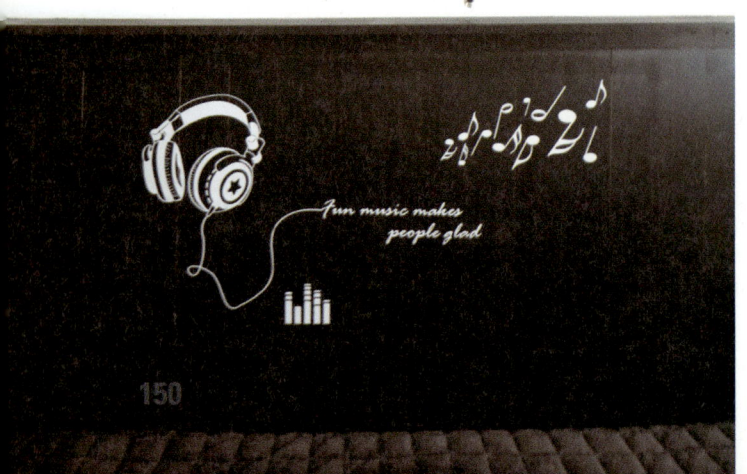

🥫 *Interior Set*

대형롤 휴지심, 사인펜, 자투리 나무, 못, 망치, 고무망치, 톱(직소기), 사포, 페인트, 페인트용 붓, 스텐실(레터링, 스티커), 스텐실용 붓, 걸고리, 피스, 전동드릴

150

1. 사인펜으로 휴지심 내부를 따라 자투리 나무에 4개의 원을 그린다. 휴지심과 비슷한 크기의 깡통이나 우유병을 이용해도 된다.
2. 그린 동그라미 모양대로 직소기를 움직여 절단한다. 절단한 후 거친 부분을 중심으로 사포질한다.

직접 절단하기 어려울 경우, 리폼쇼핑몰에서 원하는 크기로 절단해 구입이 가능해요.

3. 절단한 나무를 고무망치로 살살 두드려 휴지심 안에 넣고, 벽에 고정할 부분을 징한 후 튼튼하게 잡힐 수 있도록 못질한다.
4. 검정색 페인트를 몸통에 칠하고, 앞면이 될 부분에 흰색 페인트를 칠한다.
5. 스텐실로 꾸미거나 레터링으로 이니셜을 넣어 밋밋함을 없앤다. 스티커도 좋다.

6. 벽에 부착하기 위해 걸고리를 부착한다. 걸고리 대신 캔따개를 이용해도 좋다.
7. 원하는 위치에 전동드릴로 고정한다. 콘크리트벽이라면 기리를 이용하여 뚫은 후 칼블럭을 넣어 나사(피스)를 조이면 된다.

간단하게 만드는 헤어핀다리 책상 by. 몽실이

  무겁고 투박하고 차가운 느낌의 철제들만 있었던 예전과는 다르게 요즘은 공간에 맞는 느낌을 연출할 수 있는 철제가구들이 많이 있어요. 또 작은 수납장에서 침대까지 직접 조립할 수 있는 철제 반제품이 많이 있기에 마음만 먹으면 다양하게 만들 수 있어요.

  요즘 유행하는 타공판으로 벽면을 꾸미고, 헤어핀다리 책상에 철제의자로 포인트를 주었어요. 간단하게 만들 수 있는 반제품을 사용하면 셀프인테리어를 쉽게 즐길 수 있으니 한번 도전해 보세요.

책상 상판(미송집성목), 헤어핀다리 4개, 전동드릴, 피스, 우드스테인, 가구용 페인트, 붓, 롤러,
사포(400~600방), 마스킹테이프

1. 리폼 쇼핑몰에서 책상 상판과 헤어핀다리 4개를 함께 주문한다.
2. 상판 아랫면에 헤이핀다리를 피스와 전동드릴을 이용해 조립한다.
3. 헤어핀다리 하나를 조립하고 나머지 세 개를 처음 조립한 것과 동일한 위치에 조립한다.

4. 고운 사포 400방이나 600방을 이용하여 상판의 거친 표면을 매끄럽게 다듬는다.
5. 우드스테인 흰색을 붓이나 롤러로 상판 전체에 2회 칠한다. 1회 페인트칠하고 완전히 건조한 다음 사포질
   을 1번 더 하면 더욱 매끄러운 표면을 만들 수 있다.

6. 검정색상의 헤어핀다리와 잘 어울릴 수 있도록 상판에 포인트를
   준다. 마스킹테이프로 구분한 후 가구용 페인트(검정)를 칠하는
   방법으로 2줄을 만든다. 페인트가 완전히 건조되기 전에 마스킹
   테이프를 제거한다.

오래된 책꽂이 옷장으로 리폼하기 by. 몽실이

　13년을 사용해온 책꽂이, 동화책 세트를 구입하고 받은 거예요. 아이의 추억이 고스란히 남아 있어 쉽게 버리지 못하고 계속 리폼해 사용하다가 좁은 방을 조금이나마 넓게 사용하게 하기 위해 교복이나 겉옷을 걸 수 있는 옷장으로 리폼했어요.

　리폼하기 앞서 책꽂이 외부를 목재로 덧대는 게 좋아요. 목재를 덧대면 무게감이 생겨 전체적으로 안정돼요. 여기서는 이미 외부에 목재를 덧대어 놓은 상태예요.

after

before

🎨 *Interior Set*

고무망치, 쇠망치, 니퍼, 옷걸이봉 걸이대(2개), 목봉(20T), 가구용 페인트, 페인트용 붓, 사포(400방, 600방), 전동드릴, 메꿈이, 목공용 본드, 나사

1. 책꽂이의 선반과 뒤판을 고무망치로 툭툭 쳐 제거한다. 손에 힘
   이 많이 실리면 원하지 않는 부분까지 손상되기 때문에 힘을 너
   무 많이 쓰지 않는 게 좋다.

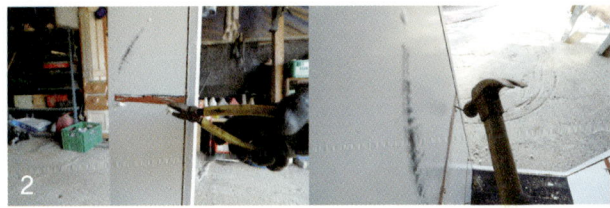

2. 나사와 못, 타카심을 니퍼로 정리한다. 나사는 제거하기 쉽지 않지만, 쇠망치를 사용해 위아래로 두
   어 번 반복해 치면 제거가 가능하다.
3. 전체적으로 400방 사포로 사포질한다.

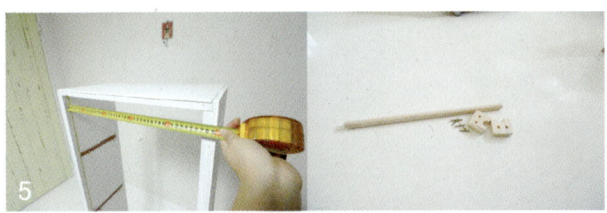

4. 나사 자국이나 못 자국, 책꽂이 뒤판을 제거한 후 생긴 자국은 메꿈이로 꼼꼼히 채워 건조하고 고운
   사포(600방)로 다듬는다.
5. 리폼쇼핑몰에서 옷걸이봉 걸이대 2개와 걸이대에 맞는 두께의 목봉을 주문하면 더욱 편하게 리폼을
   할 수 있다. 목봉을 주문할 때는 정사이즈보다 조금 작게 주문하는 것이 좋다.

   🙂 정사이즈가 47cm라면 46.5~46.7cm 길이로 주문하는 게 좋아요.

6. 흰색의 가구용 페인트를 2회 칠한다. 첫 도색 후 2~4시간 뒤에 두 번째 도색을 한다.
7. 페인트가 완전히 마르면 옷걸이봉 걸이대에 본드를 칠한 후 자리를 정해 붙이고, 나사를 박아 목봉을
   걸치면 완성이다. 취향에 따라 도색을 해도 된다.

깡통리폼으로 연필꽂이 만들기 by. 몽실이

아이들이 어렸을 때부터 리폼을 해서인지 아이들에게 독특한 버릇이 하나 생겼어요. 필요한 물건이 있으면 바로 사는 것이 아니라 엄마한테 그 물건을 만들어 줄 수 있는지 물어보는 거예요. 예를 들면 "엄마 연필꽂이 하나 만들어주세요"와 같은 질문이죠. 특히 길을 가다가 버려진 큰 가구들이나 소가구들을 보면 "엄마 저거 리폼하면 좋겠어요"라고 얘기해요. 그럴 때면 고맙고 기특하면서도 '내 아이도 예쁜 기성품을 가지고 싶어 할 텐데, 내가 뭘 하는 건가' 하는 생각이 들곤 해요.

하지만 아이들이 그러더라고요. 엄마가 만들어 주는 것 중에 흔하고 쉽게 구할 수 있는 것이 하나도 없어서 좋다고, 엄마의 사랑을 느낄 수 있다고, 항상 좋은 추억을 만들어 주셔서 감사하다고. 이런 아이들의 반응이 절 움직이게 하는 것 같아요.

Interior Set

깡통 4개, 캔 따개, 각재, 피스, 스텐실도안, 스텐실 붓, 펜치, 가구용 페인트, 붓, 망치, 젯소, 사포(600방), 드릴 혹은 드라이버

1. 깨끗이 세척해서 말린 깡통을 펜치를 사용하여 깡통입구 안쪽에 날카로운 부분을 톡톡 두드려 정리한다.

   입구를 정리를 하지 않으면 다칠 수 있어요. 깡통의 입구가 크면 망치로, 작으면 펜치로 정리하세요.

 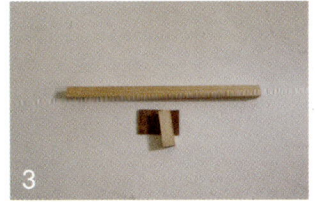

2. 깡통에 붙어 있는 라벨은 대부분 코팅이 된 상태기 때문에 라벨 위로 젯소칠을 한다.

   깡통의 라벨을 제거하고 젯소칠을 해도 돼요. 깡통을 물에 담가 충분히 불려 준 후, 라벨을 제거하면 어렵지 않게 제거할 수 있어요.

3. 각재 표면을 매끈하고 고운 사포(600방)로 사포질한다.

4. 각재에 블랙색상의 페인트(가구용)를 칠한다.

   얇은 각재는 도색하기 조금 어려우시죠. 처음엔 손으로 잡고 페인트칠하고 손으로 잡았던 부분을 칠할 때는 가운데를 잡고 페인트칠하고 마지막으로 가운데를 마무리하면 돼요.
   벽에 부착하는 방향은 벽지에 붙어 버리는 상황이 생겨서 페인트칠하지 않았어요.

5. 젯소칠을 한 깡통에도 블랙색
   상의 페인트를 칠한다.

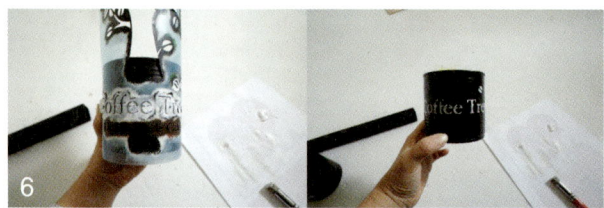

6. 깡통에 원하는 스텐실도안을 스텐실 붓을 사용하여 톡톡 찍어 꾸민다.

🙂 스텐실이 아니라 라벨지, 스티커, 시트지로 포인트를 주어도 좋아요.

7. 펜치를 사용하여 원하는 위치에 피스를 두고 두드린 후, 드릴
   이나 드라이버로 피스자리를 만든다. 각재에 정한 위치에 피
   스(나사)로 깡통을 연결하면 완성이다.

오래된 다트판, 리폼으로 시계 만들기 by. 몽실이

'만들까, 리폼할까'

필요한 것이 있으면 이렇게 생각하는 게 리포머들의 공통점이 아닐까 싶어요. 아이 방에 감각적인 시계를 놓고 싶어서 어떻게 할까 생각하던 중, 아들이 어릴 때 가지고 놀던 오래된 다트판이 눈에 띄었어요. 시계와 같은 원형 모양이고, 크기도 적당해보여 북유럽스타일의 시계로 리폼을 결정했답니다.

after

before

🎨 *Interior Set*

다트판, 4.8T 미송합판, 시계바늘, 시계 무브먼트, 스텐실도안, 스텐실 붓, 페인트, 페인트 붓, 젯소, 캔고리, 니퍼, 망치, 피스(나사), 못, 송곳, 라이터, 연필, 직소기, 사포, 드릴비트

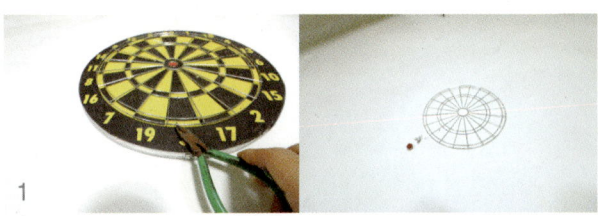

1. 다트에 붙어 있는 부속들을 니퍼를 사용하여 분리한다. 부속은 버리지 말고 모두 그대로 보관한다.

 다트판을 가만히 살펴보니 찍힌 자국과 갈라짐이 수도 없이 많았어요. 그래서 제가 선택한 방법은 다트판에 더 이상 상처를 주지 않고 리폼을 하는 거예요.

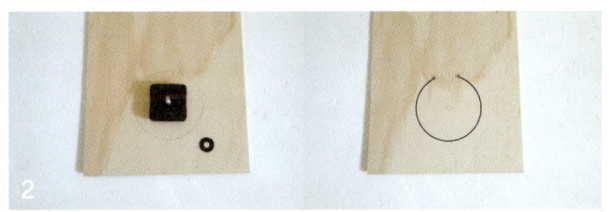

2. 4.8T 미송합판에 페인트 1리터 통을 이용하여 원을 그리고, 시계 무브먼트가 들어갈 구멍의 위치를 시계 무브먼트 부속을 이용해 표시한다. 페인트 통이 아닌 다른 것으로 원을 그려도 상관없다.

3. 미송합판에 그린 원을 따라 직소기를 이용하여 합판을 절단하고 사포질한다.

4. 시계 무브먼트가 들어갈 구멍을 낸다. 무브먼트 위치에 피스로 구멍을 낸 후 드릴비트에 피스 없이 조였다/풀었다(정방향/역방향)를 몇 차례 반복한다.

전용 기리로 구멍을 내도되지만, 없을 땐 이 방법도 나름 괜찮아요.

5. 사포질로 마무리한다.

6. 코팅이 안 된 다트판이라 젯소칠 없이 바로 페인트칠을 2회 이상 한다.

7. 절단한 미송합판에 페인트를 칠한다. 다트 부속은 철재로 되어 있어서
   젯소칠 1회 후 원하는 색상의 페인트를 칠한다.

 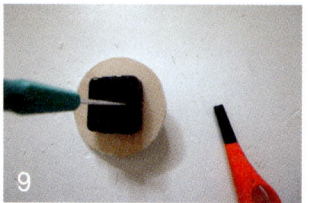

8. 시계 무브먼트를 차례대로 조립한다.

9. 조립이 완성된 무브먼트 뒷면을 다트판에 걸 수 있도록 송곳과 라이터를 사용해 구멍을 뚫는다.

   플라스틱에 못이나 피스로 구멍을 뚫으면 깨질 수 있어요. 무브먼트에 고리가 있는 것을 구매해도 좋아요.

10. 다트판에 스텐실도안으로 숫자를 톡톡 찍는다.

11. 다트 부속을 원래 있던 자리에 부착한다. 무브먼트를 걸 수 있도록 가운데에 못질을 하고, 뒷면에 캔
    고리를 걸어 걸고리 대신 사용한다.

12. 무브먼트에 시계바늘을 조립하고 다트판에 걸면 완성이다.

책가방 수납함 만들기 by. 몽실이

　학교를 다니는 자녀가 있는 집이라면 하나의 공통점이 있어요. 책가방이 늘 바닥에 나뒹굴고 있다는 점이지요. 벽에 책가방 걸이를 만들어줘도 언제나 책가방은 바닥에 있어요. 그래서 학생의 방에 꼭 필요한 것이 책가방 수납함이라고 생각해요.

　책가방 수납함을 만들어 주고부터는 책가방을 던져놓아도 수납함 안으로 넣으니 바닥에 나뒹구는 일이 없어졌답니다.

Interior Set

목재, 목공용, 본드, 못, 망치, 톱, 검정색 시트지, 사포(200~400방), 손잡이, 나사(피스), 바퀴, 자, 사인펜

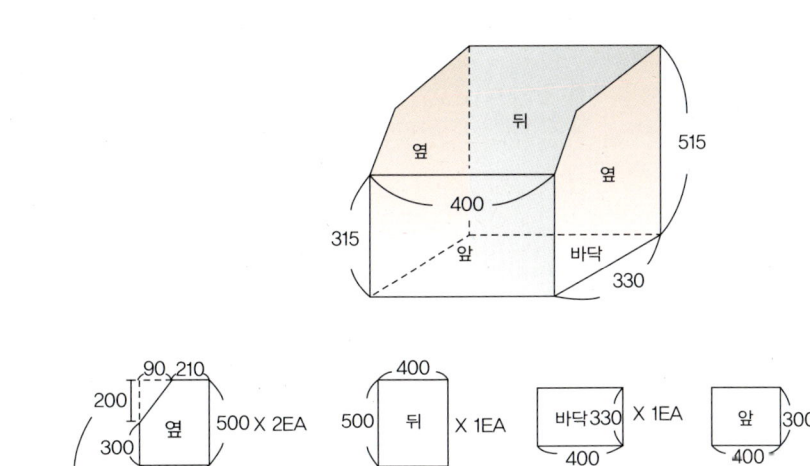

[몸체 : 미송집성목 15T]
뒤판 = 가로 400mm × 세로 500mm × 1개
하판 = 가로 400mm × 세로 330mm × 1개
앞판 = 가로 400mm × 세로 300mm × 1개
옆판 = 가로 300mm × 세로 500mm × 2개
　　　* 삼각형 가로 90mm × 세로 200mm 절단

 원하는 사이즈를 정해 연습장에 나만의 도면을 그려보세요. 책가방 수납함의 구성을 나열해 사이즈를 계산하고 그대로 리폼쇼핑몰에서 절단서비스를 받아 주문하면 돼요.

Interior Talks

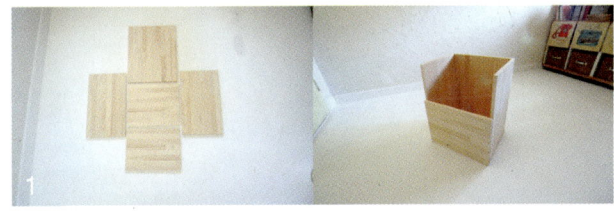

1. 주문한 나무의 사이즈를 확인하기 위해 가조립한다.

 반제품을 주문했을 때도 마찬가지로 가조립해 봐야 잘못된 부분을 찾을 수 있어요.

2. 책가방 수납함의 옆선을 절단하기 위해 자와 사인펜으로 절단선을 표시한다.

3. 톱으로 표시한 절단선을 따라 절단한다.

4. 사포 200방이나 400방으로 절단면과 나무 전체를 매끄럽게 사포질한다.

5. 책가방 수납함의 바닥부분과 앞부분에 목공용 본드를 칠한 후 못질한다. 옆라인 나무를 버팀목으로 받쳐 두면 지지대 역할을 해 못질하기 수월하다.

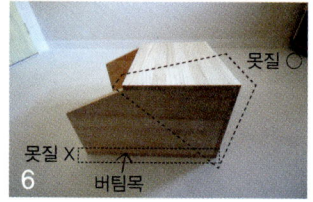 

6. 옆라인 나무에 목공용 본드를 칠한 후 책가방수납함의 뒷면이 될 나무를 버팀목으로 사용하여 못질한다(좌우 모두).

7. 뒷면이 될 나무에 목공용 본드를 칠한 후 못질을 해 완성한다.

8. 이동하기 편리하도록 바퀴와 손잡이를 단다.

9. 포인트로 검정색 시트지 두 줄을 붙여 마무리한다.

매끈하게 사포질 한 나뭇결이 보기 좋아서 페인트칠은 생략했어요.

Tip

'바니쉬라도 칠해야 되는 것 아니냐' 하는 의문점이 생길 수 있지만 사포질을 열심히 했다면 생략해도 괜찮아요. 칠하지 않으면 나뭇결 이 지겨워졌을 때 리폼하기도 더 수월하답니다.

세상에 단하나 특별한 벽돌 북엔드 만들기 by. 몽실이

어느 날 아들이 교과서를 책상 위에 간단하게 세울 수 있는 북엔드가 있었으면 좋겠다는 말을 하더라고요. 엄마인 저는 시중에서 사주기보다는 뭔가 특별한 북엔드를 만들어 주고 싶었어요. 모든 부모가 그러하듯 아이에게 특별한 선물을 주고 싶었던 게 제 솔직한 심정이 아니었나 생각해요.

집 마당에 벽돌들이 쌓여 있는 것을 보고 스쳐지나가는 아이디어! 벽돌을 사용하면 넘어질 염려를 덜 수 있기에 이보다 더 좋은 재료는 없을 것이라고 생각해서 특별한 벽돌 북엔드를 만들었어요.

after

🎨 *Interior Set*

벽돌 4개, 밀크페인트, 물감, 붓, 스텐실도안, 스텐실 붓, 부직포

before

1. 벽돌을 물로 깨끗이 세척하고 건조해 준비한다.

   🧒 벽돌의 특성상 깨끗이 세척하고 건조해도 벽돌가루는 떨어져요.
   하지만 페인트칠을 완료한 후에는 떨어지지 않아요.

2. 밀크페인트(리얼밀크)를 벽돌에 2회 칠한다.

   🧒 가구용 페인트는 유광이고, 밀크페인트는 무광이어서 밀크페인
   트로 사용했어요.

3. 밀크페인트가 완전히 마르면 여러 색의 물감을 원하는 만큼 용기에 덜어 벽돌에 칠한다. 물감을 완전히 섞지 않고 대강대강 묻힌다는 느낌으로 칠하면 빈티지한 느낌이 생긴다. 물감이 아닌 페인트를 사용해도 좋다.

4. 물감을 여러 번 칠하면서 디자인을 만드는데, 완전히 건조한 후 칠하기를 반복한다.

5. 같은 방법으로 벽돌 총 4개를 칠한다.

6. 4개의 벽돌에 원하는 문구나 그림의 스텐실도안을 스텐실 붓을 사용해서 벽돌을 꾸미면 완성이다.

더 빈티지하게 꾸미자!

더 빈티지하게 꾸미고 싶은 분 있으신가요? 빈티지한 느낌을 부각하기 위해서 스텐실 붓에 남아 있는 물감의 양을 거의 없앤 후 벽돌에 톡톡 두드려 꾸미면 조금 더 빈티지한 느낌을 줄 수 있어요.

가구에 긁히지 않아요?

주재료가 벽돌이기 때문에 가구 위에서 사용할 경우 긁힐 수 있어요. 가구 위에서 사용하실 분은 벽돌 북엔드 바닥에 부직포를 붙여보세요. 부직포가 가구에 긁힘을 막고 미끄러짐도 막아요.

벙커침대 아래에 쏙!
이케아 서랍장을 활용한 책상 만들기 by. 수선화

　딸아이의 방은 침대, 책상, 옷장은 기본에다 책꽂이며, 피아노며 작은 화장대 등 꾸미고 싶은 것이 참 많아요. 하지만 일반적으로 아이 방은 책상과 침대만 들어가도 벽찰 정도로 좁은 것이 현실이지요.

　그래서 벙커침대를 구입해 침대 아래쪽을 사용하려고요. 높이가 어중간해서 침대를 조금 더 높이고, 책상과 옷장을 같은 높이로 만들어 넣어 활용도를 높였어요. 그중 이케아 철제 서랍장을 활용해 학용품 정리를 하고, 책상 조명과 간단한 책 정도만 들어갈 수 있도록 심플하게 만든 책상을 소개할게요.

🥫 *Interior Set*

치수대로 주문한 목재, 이중기리, 나사, 목공용 본드, 전동 드라이버, 톱, 가구용 페인트, 페인트용 붓, 우드스테인, 사포(600 방), 바니쉬, 이케아 서랍장, 각목 68.3cm 2개, ㄱ자 꺽쇠 4개

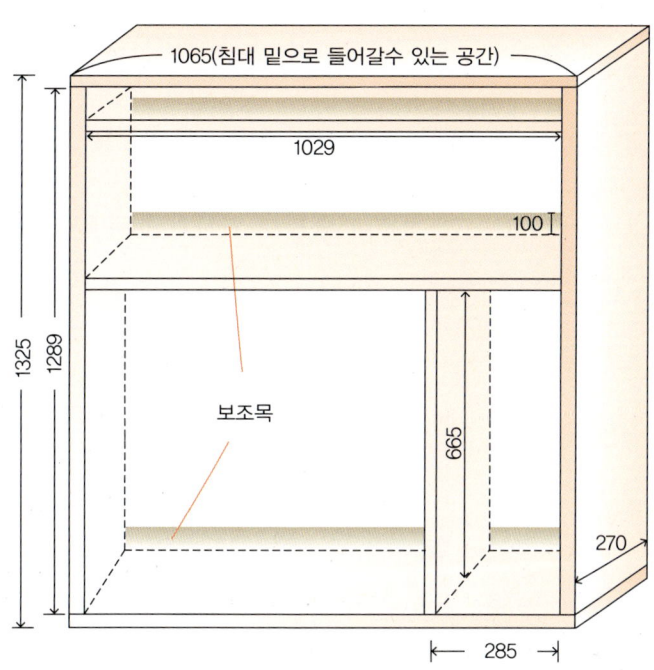

1065(침대 밑으로 들어갈수 있는 공간)

1029

100

1325

1289

665

보조목

270

285

도안을 그려서 정확한 치수로 목재를 주문하세요!

[몸체 : 삼나무 18T]
상 · 하판 = 가로 1065mm × 세로 270mm × 2개
중간선반 = 가로 1029mm × 세로 270mm × 2개
옆판 = 가로 270mm × 세로 1289mm × 2개
아래서랍장 = 가로 270mm × 세로 665mm × 1개
보조목 = 가로 1029mm × 세로 100mm × 3개
        (미송합판 4.8T 가로 1065mm × 세로 1325mm로 대체가능)
책상상판 = 가로 1027mm × 세로 450mm × 1개

 위의 치수는 침대 크기와 높이에 따라 바뀔 수 있어요!

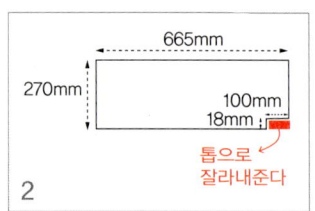

2. 665mm / 270mm / 100mm / 18mm

톱으로
잘라내준다

1. 주문한 목재를 가조립하여 사이즈를 확인한다.

2. 먼저 아래 서랍장 목재의 왼쪽 아랫부분을 톱으로 18mm × 100mm 크기정도 잘라낸다. 보조목이 들어갈 자리다.

3. 잘라낸 목재와 보조목 목재를 ㅗ모양으로 조립한다. 그리고 중간선반과 아래판을 조립한다. 가구를 조립할 때에는 목재를 연결하는 부분을 미리 이중기리로 나사가 들어갈 자리를 뚫어놓은 후 목공용 본드를 바르고 나사로 조여 조립한다.

4. 왼쪽 옆판을 조립하고, 위판과 또 다른 중간선반을 차례로 조립한다. 가로로 가장 아래 목재에 보조목을 댄 것처럼 도안에 표시된 보조목 자리에 보조목을 댄다.

> 보조목은 책상이 휘지 않고 튼튼하게 하는 역할을 하는데, 보조목 대신 책상 뒷부분에 전체적으로 미송합판을 대줘도 좋아요.

5. 오른쪽 옆판을 조립한다.

6. 원하는 색의 페인트로 2~3회 칠한다.

7. 책상 상판을 원하는 색으로 칠한다.

> 던에드워드 우드스테인으로 칠했어요.

8. 600방 정도의 고운 사포로 부드럽게 샌딩한다.

9. 바니쉬를 덧칠해 오염을 방지한다.

10. 책상 상판을 만들어 둔 책상틀에 올려 침대 밑으로 넣는다.

11. 책상 상판이 넘어질 수 있으므로 아이의 안전을 위해 다리를 단다. 길이 68.3cm의 각목 2개를 준비해 책상과 같은 색으로 칠한다.

12. 양쪽으로 ㄱ자 꺽쇠를 달아준다.

13. 책상 상판의 양쪽에 다리를 고정한다.

14. 꺽쇠는 책상과 같은 색으로 칠한다.

15. 이케아나 마켓비 서랍장 중 가장 인기 좋은 6단 철제서랍장을 준비한다. 가격도 비교적 저렴하고, 조립 방법도 쉽다. 책상서랍장으로 활용해 학용품을 정리하기 좋다.

16. 책상 아래에 넣기 위해 뒷부분의 바퀴를 제거한다.

17. 책상의 서랍장 칸에 쏘옥 넣는다.

18. 책상 밑판의 높이가 바퀴높이와 같아서 수평이 유지된다.

19. 벙커침대 밑으로 쏙 들어가는 책상이 완성이다.

책상 천장에 LED 전등 달기 by. 수선화

보통 책상에는 설치가 편리한 스텐드등을 사용하지만, 책상 위에 이것저것 많으면 집중해서 공부하기 어렵고, 공간 부족의 문제도 생기기 마련이지요. 그래서 책상 위에는 연필꽂이와 꼭 필요한 몇 권의 책만 놓을 수 있도록 책상 위쪽에 등을 달기로 결정했어요. 게다가 일반 형광등 대신에 LED 형광등을 사용하면 발열이 없어 안전할 뿐더러 전기도 절약할 수 있답니다.

after

before

 Interior Set

LED 전등, 전선, 중간스위치, 플러그, 드라이버, 니퍼, U자형 스테이플

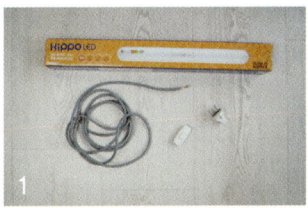 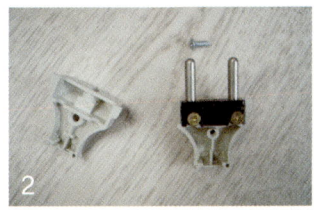 

1. LED 전등과 전선, 중간스위치, 플러그를 준비한다.
2. 플러그는 뒷면에 있는 나사를 풀어 분리한다.
3. 전선 끝부분의 피복을 벗겨 구리선을 돌돌 만 후 나사를 살짝 풀어 전선을 감고 다시 나사를 조인다.

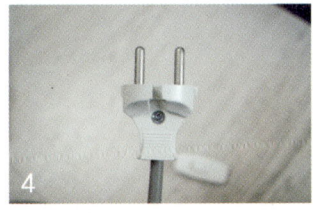 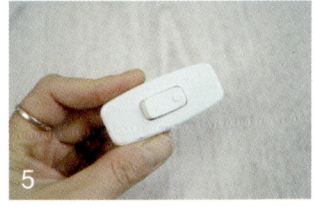 

4. 다시 플러그 몸체의 나사를 조여 조립한다.
5. 중간스위치를 준비한다.
6. 뒤에 있는 나사를 풀어 분리한다.

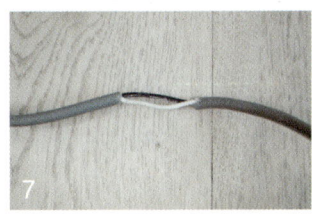  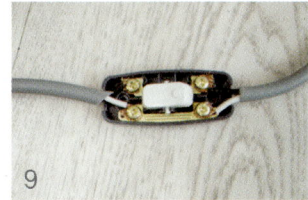

7. 전기선에 스위치를 달 곳을 정하고 피복을 벗긴다.
8. 피복을 벗긴 부분의 중간을 잘라 구리선이 나오도록 벗기고 돌돌 만다.
9. 중간스위치 안에 있는 나사 4개를 풀어 구리선을 연결하고 나사를 조인다.

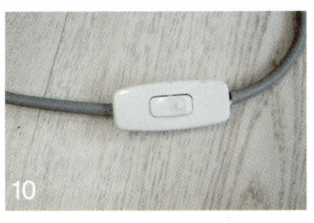  

10. 중간스위치 커버를 닫는다.
11. LED 전등을 준비한다.
12. 본체 뒤쪽에 전선을 연결하는 전원커넥터를 찾는다.

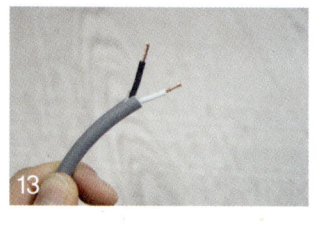  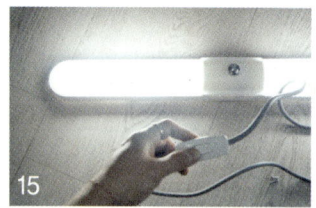

13. 전선의 끝부분의 피복을 벗긴다.
14. 벗겨낸 전선을 전원커넥터에 끼운다.
15. 플러그를 꽂고 중간스위치로 전원을 켜봐서 불이 들어오는지 확인한다.

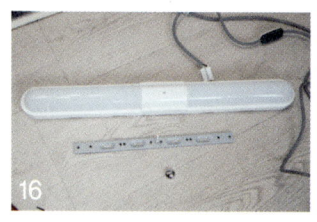  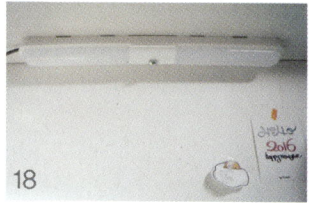

16. 천장 고정용 나사를 푼다.
17. 천장 고정을 위해 동봉된 쇠막대를 책상 위에 박는다.
18. LED 전등을 고정한다.

19. 옆으로 나온 전선을 U자형 스테이플을 이용해 깔끔하게 정리한다.
20. 천장등의 교체만으로 책상을 한결 깔끔하게 만들 수 있다.

LED 전등이 너무 밝아 눈부심이 있다면 A4용지를 사진
처럼 접어서 가림막으로 끼우면 눈부심이 훨씬 덜해요

공간박스 수납장의 변신!
레터링 수납장으로 리폼하기 by. 수선화

저희 집은 옛날 아파트라서 그런지 집의 평수에 비해 아이 방이 좁은 구조예요. 여자아이라 여러 잡동사니가 많은데 수납할 공간이 부족하더라고요. 그래서 예전에 공간박스를 활용해 만들었던 베란다 수납장을 리폼해 아이의 책과 잡동사니를 정리할 수납장을 만들어 넣었어요. 덕분에 정리 문제를 완벽히 해결했지요!

아이 방이 좀 더 밝아보이게 하얀색으로 페인트칠하고, 검정시트지로 알파벳을 오려 붙였더니 완전 다른 모습으로 변신했어요. 공간박스로 만들었던 수납장을 레터링 수납장으로 변신시켜보세요.

after

🥫 *Interior Set*
리폼 할 수납장, 드라이버, 프라이머, 롤러, 붓, 페인트, 손잡이, 알파벳을 인쇄한 종이, 검정시트지, 풀, 가위

before

1. 공간박스를 붙이고, 문짝과 다리를 달아 만들었던 수납장인데 리폼하려고 한다.
2. 전체를 페인트로 색을 바꾸기 위해 문짝을 모두 분리한다.
3. 페인트칠하기 전 프라이머를 칠한다. 룰러가 닿지 않는 구석을 붓으로 먼저 칠한다.

 던에드워드 울트라그립 프라이머를 사용했어요.

4. 눈물자국(흐른 자국) 없이 룰러로 얇게 칠한다.
5. 프라이머가 다 마르면 같은 방법으로 페인트를 칠한다.
6. 떼어낸 문짝도 색을 바꿀 준비를 한다.

7. 프라이머를 전체적으로 칠한다.
8. 프라이머가 마르면 페인트를 2~3회 정도 칠한다.
9. 손잡이를 아이 방에 어울리는 귀여운 손잡이로 바꾼다.

10. 완성된 문짝을 원래 위치에 달아준다.
11. 문짝에 포인트를 주기위해 알파벳을 인쇄한 종이와, 검정시트지, 풀, 가위를 준비한다.
12. 프린트한 종이를 시트지 뒷면에 풀로 붙인다.

13. 가위를 이용해 글자를 오린다.
14. 이형지를 떼어내고 문짝에 붙이면 완성이다.

옷장, 책꽂이, 서랍장, 칠판 기능이 담겨있는
다기능 엄마사랑가득 수납장 by. 수선화

아이 방에 꼭 필요한 옷장!

어렸을 땐 아침만 되면 옷을 하나하나 골라줬었는데, 이제 꾸미기 좋아하는 꼬마숙녀가 되어 혼자서도 척척 옷을 고르는 딸을 위해 옷장을 만들었어요.

왼쪽은 옷걸이를 이용해 옷을 걸 수 있는 행거 형으로, 오른쪽은 책이나 인형 등을 수납할 수 있는 책장 형으로 디자인했어요. 아래엔 속옷과 양말 등을 보관할 수 있는 서랍을 넣어 수납공간을 늘렸어요. 특히 옷장 문에 칠판 페인트를 칠해 메모를 할 수 있도록 만들었더니 엄마의 사랑이 가득한 다기능 수납장이 완성되었네요. 비좁던 아이 방을 벙커침대로 넓게 사용했는데, 이번엔 수납장 크기를 침대에 맞게 만들어 훨씬 넓은 방으로 사용할 수 있게 되었어요.

🪣 *Interior Set*

재단된 옷장용 삼나무 18T, 재단된 서랍용 삼나무 15T, 보강목으로 사용할 자투리나무, 경첩 4개, 손잡이 3개, 쌍빠지링 1개, 원형파이프 옷봉 62.5cm, 옷봉걸이(소켓) 2개, 3단 서랍레일 45cm 2개, 목공용 본드, 이중기리, 피스, 전동드릴, 가구용 페인트, 페인트용 붓, 직소기, 칠판페인트, 마스킹테이프, 롤러, 사포(600방)

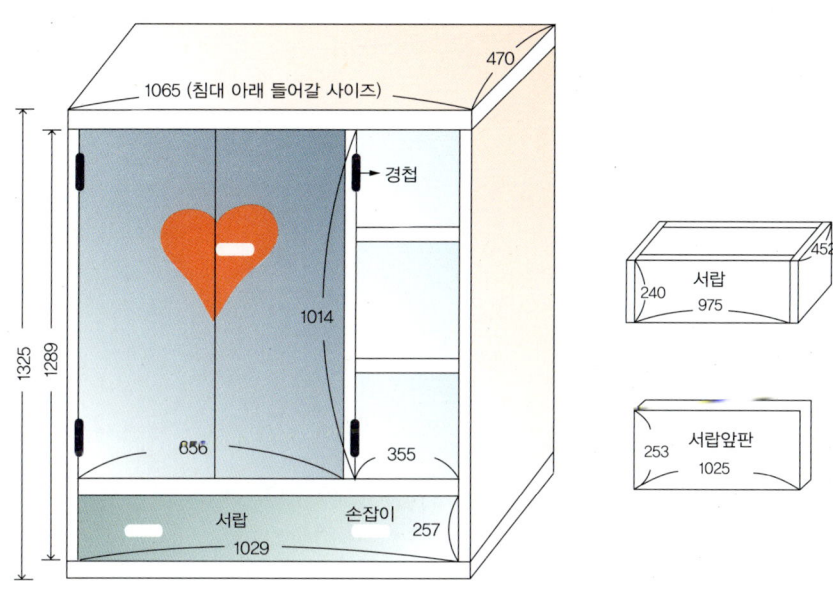

[몸체 : 삼나무 18T]
상 · 하판 = 가로 1065mm × 세로 470mm × 2개
중간가로판 = 가로 1029mm × 세로 470mm × 1개
옆판 = 가로 470mm × 세로 1289mm × 2개
오른쪽수납장 가로판 = 가로 355mm × 세로 470mm × 2개
오른쪽수납장 세로판 = 가로 470mm × 세로 1014mm × 1개
문짝 = 가로 652mm × 세로 1010mm × 1개

[뒤판 : 미송합판 4.8T]
가로 1065mm × 세로 1325mm × 1개

[서랍 : 삼나무 15T]
앞 · 뒤판 = 가로 975mm × 세로 240mm × 2개
옆판 = 가로 452mm × 세로 240mm × 2개

[서랍 : 미송합판 4.8T]
하판 = 가로 1005mm × 세로 452mm × 1장
[서랍 : 삼나무 18T]
서랍앞판 = 가로 1025mm × 세로 253mm × 1장

Interior Talks

1. 주문한 목재가 제대로 왔는지 확인한다.

옷장 목재를 조립 전에 가조립해서 이중기리로 피스가 들어 갈 곳을 뚫어 놓고, 모든 조립은 피스와 목공용 본드를 이용 하세요

2. 오른쪽 수납공간 조립 → 서랍 위칸 조립 → 왼쪽 조립 → 위아래 조립 → 뒤판 고정 순으로 옷장을 만든다.

3. 서랍을 만든다. 옆판과 앞뒤판을 조립하고, 바닥에 합판을 고정한다.
4. 서랍이 부드럽고 튼튼하게 움직이기 위해 3단 레일을 사용하려고 한다. 3단 레일은 동그라미 부분을 누르면 분해된다. 레일을 서랍에 연결하려면 분해해야 한다.
5. 서랍이 들어갈 몸통에 분해하지 않은 레일을 피스로 고정한다.

6. 레일을 밀어가며 구멍이 있는 곳을 피스로 고정한다.

7. 서랍 아랫부분에 같은 두께의 목재를 양쪽으로 댄다. 사진은 4.8T짜리 목재를 사용했다.

8. 양쪽 목재 위로 서랍을 넣고, 움직이는데 걸리는 부분이 없는지 확인한다.

9. 서랍과 레일을 함께 당기면서 레일구멍에 피스로 고정하고, 레일을 분리해 끝부분까지 피스로 고정한다.

10. 3단 레일을 사용하면 서랍을 끝까지 꺼낼 수 있어 사용하기 편리하다.

11. 서랍앞판 목재를 원하는 색의 페인트로 칠한다. 사진은 던에드워드 에베레스트 가구용 반광 de 5745를 사용했다. 그리고 옷장의 바깥 면에만 흰색페인트를 칠한다.

12. 서랍안쪽앞판에 목공용 본드를 바르고, 서랍앞판을 붙인다. 서랍 아래쪽에 간격재를 사용해 서랍앞판의 상하좌우 간격을 맞춘다.

13. 조금 긴 피스를 사용해 서랍에 손잡이를 단다. 서랍앞판 두께 + 서랍두께의 길이 정도의 피스를 사용하면 좋다.

14. 옷봉과 옷봉걸이 소켓을 준비한다. 옷봉을 걸 위치에 옷봉걸이 소켓을 피스로 고정한다. 그리고 옷봉을 걸어 휘지 않았는지 확인한다.

15. 옷장의 문을 만든다. 직소기로 모양을 낼 수 있다면 1010mm×652mm 목재를 사용하고, 어렵다면 1010mm×325mm 목재 2장을 사용한다.

16. 원하는 모양으로 문에 밑그림을 그리고, 직소기를 이용해 자른다. 하트모양의 문을 만들려고 한다.

17. 뒤쪽으로는 보강목을 대어 문짝이 휘지 않도록 한다. 보강목은 폭 5cm 정도로 사용하면 된다.

18. 문을 칠판으로 사용하기 위해 칠판페인트를 칠한다. 먼저 페인트가 묻지 말아야 할 하트부분을 마스킹테이프로 꼼꼼하게 붙인다.

19. 롤러를 이용해 칠판페인트를 2회 정도 칠한다. 1번 칠하고 다 마르면 600방 사포로 샌딩한 후 한 번 더 칠한다. 양쪽 문을 다 칠한다.

20. 마스킹테이프를 떼고, 가운데 하트부분을 빨간색페인트나 아크릴 물감으로 칠한다.

21. 문짝에 경첩을 달고, 몸체에 연결한다.

22. 문짝과 몸체가 딱 붙도록 고정하는 쌍빠지링의 자석부분을 문짝 두께만큼 뒤쪽으로 밀어 고정한다.

23. 문짝에는 쇠막대를 고정한다.

24. 문에 손잡이를 달아 마무리한다.

오래된 창틀 가리기,
아늑해 보이는 원목덧창 만들기 by. 수선화

아이 방의 새시가 오래돼 누레졌기에 커다란 원목덧창을 만들어 붙였어요. 흰색 페인트로 칠해 깨끗하고 아늑한 느낌이 든답니다. 원래 계획은 열고 닫을 수 있는 덧창을 만드는 거였는데, 벙커 침대가 창문의 아랫부분을 떡하니 가려서 어쩔 수 없이 고정형 덧창으로 만들었어요.

after

before

🎨 Interior Set

재단한 목재(삼나무 1.8T), 연필, 전동드릴, 기리, 이중기리, 피스, 색 테이프, 나사, 목공용 본드, 사포, 메꿈이(타이트본드 혹은 우드필러), 가구용 페인트, 페인트용 붓, 바니쉬

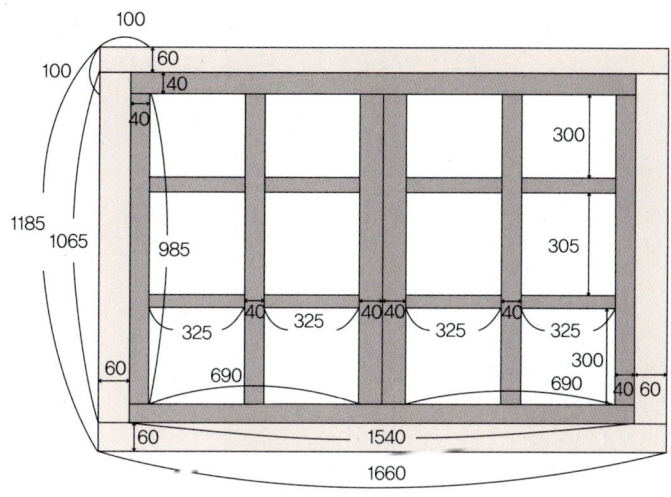

[덧창 : 삼나무 1.8T]
바깥 틀 : 가로용 : 가로 1660mm × 세로 60mm × 2개
          세로용 : 가로 60mm × 세로 1065mm × 2개
안쪽 틀 : 가로용 : 가로 1540mm × 세로 40mm × 2개
          세로용 : 가로 40mm × 세로 985mm × 6개
          창문 가로용 : 가로 325mm × 세로 40mm × 8개

창문 크기에 맞춰 사이즈를 계산해 목재를 주문하세요. 스케치는
안쪽 틀 폭 4cm, 바깥쪽 틀 폭 6cm로 계산했어요.

창틀 목재를 붙이는 순서
노란색으로 된 안쪽 틀 2개를 먼저 만들고, 하늘색으로 된 바깥 틀을 마지막으로 붙이면 고정하기 수월해요.

1. 목재는 삼나무 1.8T(두께 1.8cm)를 주문한다. 작업을 시작하기 전에 가조립한다.
2. 안쪽 틀 창문을 먼저 만든다. 나무가 겹쳐지는 곳을 연필로 표시한다.

3. 드릴 2대에 하나는 나사를 조일 때 쓰는 기리를, 다른 하나는 나사 구멍을 내는 이중기리를 준비한다. 나사를 목재에 그냥 박으면 쪼개지기가 쉽기 때문에 쪼개짐을 방지하기 위해 이중기리를 이용해 나사길을 먼저 낸다.

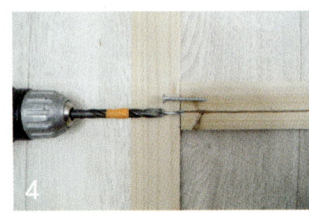  

4. 두 개의 목재를 결합시킬 때 나사 길이가 짧은 경우 이중기리로 나사길을 길게 내야 한다. 나사길 깊이만큼 구멍을 내기 위해 이중기리에 색 테이프를 이용해 표시를 해두면 작업이 편리하다.
5. 색 테이프로 표시된 만큼 나사길을 내면 안으로 나사가 쏙 들어가 목재결합을 튼튼하게 할 수 있다.
6. 첫 번째 단계로 사진처럼 조립을 할 경우 가운데 겹치는 부분을 끌로 홈을 파서 끼워서 맞추는 방법이 있고, 목재를 나사로 고정하는 방법이 있다.

 여기서는 두 번째 방법으로 고정해 볼게요.

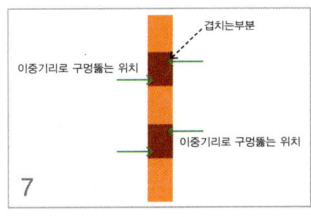 

7. 그림과 같은 위치에 나사구멍을 양쪽으로 낸다.

8. 한 쪽 면은 왼쪽에 내고, 반대쪽 면은 오른쪽에 낸다.

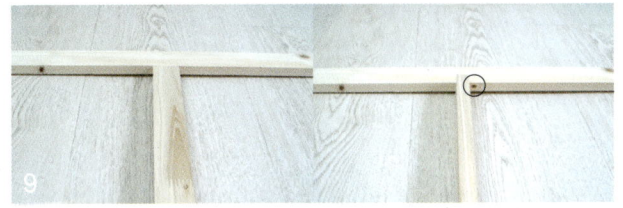

9. 왼쪽 면에 낸 구멍으로 나사를 넣어 아래 목재를 고정하고, 목재를 90° 돌리면 오른쪽 나사구멍이 보인다.

10. 오른쪽 나사구멍으로 나사를 넣어 위 목재를 고정한다. 이런 식으로 양쪽 목재를 목공용 본드와 나사로 고정한다.

11. 양쪽을 목재와 나사로 고정하고, 같은 방법으로 1개를 더 만든다.

12. 두 개를 목공용 본드와 나사로 붙이고, 위와 아래를 목재와 나사로 고정한다.

13. 사포를 이용해 모서리를 둥글게 깎고, 바깥쪽에 목재를 테두리로 박으면 원목덧창이 완성된다.

14. 나사구멍은 메꿈이(타이트본드 혹은 우드필러)를 이용해 막는다.

15. 메꿈이가 완전히 마른 후 사포로 자국을 문지르면 나사구멍이 없던 것처럼 깨끗해진다.

16. 누레진 창문틀 위에 나사로 고정한다. 만든 원목덧창에 고정할 위치를 표시하고 이중기리로 나사구멍을 낸 후 피스로 고정한다.

 실리콘을 이용하면 더 튼튼하게 고정할 수 있는데, 나중에 떼어낼 수도 있으니 나사로만 고정했어요.

17. 원목의 느낌이 좋으면 바니쉬만 칠해서 마감해도 좋고, 깔끔한 느낌의 흰색 페인트로 칠해도 좋다. 포인트 창문으로 꾸미려면 알록달록한 페인트를 칠한다.

핑크빛 포인트 벽에 원목 거울달기 by. 수선화

 딸아이가 점점 크면서 혼자 옷을 골라 입고, 머리를 빗으며 멋을 부릴 공간을 필요해하더군요. 때마침 책상 오른편 벽이 꾸며져 있지 않아 포인트 벽으로 이용했어요. 그냥 거울만 달면 매력 없는 공간이 되었을 벽면을 연한 분홍색 페인트로 포인트를 주고, 원목 거울을 달았더니 발랄한 느낌이 드는 여자아이 방이 되었어요. 그동안 매일 아침 다른 방의 전신거울을 보기위해 방을 드나들며 옷매무새를 다듬고, 꾸미느라 정신없던 딸. 이제 자기 방에서 할 수 있으니 너무 좋아하네요.

Interior Set
마스킹테이프, 커버링테이프, 벽면용 페인트, 롤러, 원목거울 반제품, 가구용 페인트, 붓

1. 아무것도 없는 벽면이다. 이곳을 꾸며보려 한다.
2. 마스킹테이프를 이용해 벽면에 페인트칠 할 곳을 구분한다.
3. 벽에 붙인 마스킹테이프를 꾹꾹 눌러 접착을 잘 시켜야 나중에 페인트가 옆으로 새어나오지 않고, 정확하게 페인트를 칠할 수 있다.

4. 바닥에는 커버링테이프를 붙여 방바닥에 페인트가 묻는 걸 막는다.
5. 벽면용 페인트를 준비한다.

 던에드워드 에베레스트 페인트를 사용했어요.

6. 롤러를 이용해 'M'이나 'W'모양을 그려가며 칠한다.

7. 양옆으로 페인트를 밀어가며 마스킹테이프 안쪽을 칠한다.
8. 벽면 페인트는 3번 정도 칠해야 본래의 색이 정확하게 나온다. 1번 칠하고 최소 4시간 이상 건조한 후, 다음 칠을 한다. 단, 비 오는 날이나 흐린 날에는 작업을 하지 않는 게 좋다.
9. 페인트가 마르면 마스킹테이프를 살살 떼어낸다.

 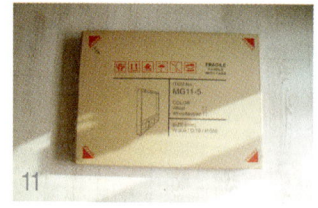 

10. 연한 핑크빛의 집모양이 완성되었다.

11. 원목 거울 반제품을 준비한다.

문고리닷컴의 [엘비스] 원목 선반거울을 사용했어요.

12. 반제품은 이미 조립이 되어 있고, 원목 그대로이다.

13. 거울 틀 원목에 페인트칠할 때 거울에 묻지 않도록 마스킹테이프를 붙인다.

14. 흰색 페인트에 검은색 페인트를 조금 섞어 회색 페인트로 조색해 거울 틀 원목에 2회 칠한다.

15. 거울 틀의 페인트가 마른 후 마스킹테이프를 떼고 벽에 걸면 완성이다. 핑크색 포인트 벽면으로 한결 더 아이 방다운 인테리어가 완성되었다.

병뚜껑을 활용한 만년달력 by. 수선화

흔하디흔한 종이 달력은 싫다! 올해도, 내년에도 버리지 않고 쭉 사용할 수 있는 나만의 만년달력을 만들자!

흔하게 버려지는 병뚜껑을 보면서 '인테리어로 사용할 방법이 없을까' 고민하던 중 만년달력이 떠올랐어요. 예쁘게 색을 칠하고, 숫자도 적고, 자석을 붙인 병뚜껑과 철재쟁반을 이용해 만든 아이디어용품이에요. 매달 마지막 날이 되면 아이들이 직접 달력의 숫자를 하나하나 옮기며 다음 달을 미리 계획할 시간을 가질 수 있답니다.

달력의 기능은 물론 인테리어와 재활용, 아이에겐 내일을 준비할 시간까지 주는 1석 4조의 역할을 하는 만년달력을 소개할게요.

🥫 *Interior Set*

철재쟁반, 병뚜껑, 자석테이프, 점토, 스프레이 라커, 젯소, 페인트, 칠판페인트, 페인트용 붓, 끈, 글루 건, 숫자를 출력한 A4용지, 칼, 스텐실 붓

1. 사용하던 철재쟁반과 병뚜껑, 자석테이프, 점토를 준비한다. 자석테이프는 인터넷 쇼핑몰이나, 대형 문구점에서 구입할 수 있다.
2. 점토를 이용해 병뚜껑 안쪽을 평평하게 메운다.
3. 안쪽에 메워준 점토가 마르면 자석테이프를 잘라 붙인다.

4. 병뚜껑은 검은색 스프레이 라커를 이용해 색을 입힌다. 스프레이 라커를 뿌릴 때는 한 번에 길게 뿌리지 말고 칙! 칙! 칙! 짧게 여러 번 뿌린다.
5. 병뚜껑에 숫자를 찍기 위해 A4용지에 숫자를 출력해서 칼로 오려낸다.
6. 병뚜껑에 스텐실 붓을 이용해 숫자를 찍는다. 스텐실 작업이 귀찮으면 숫자를 써도 좋다.

7. 사용하던 철재쟁반에 색을 예쁘게 입히기 위해 젯소를 얇게 칠한다.
8. 원하는 색의 페인트를 준비한다.

   🙂 흰색 페인트에 파란색 페인트를 조금 섞어 연한하늘색을 조색해 사용했어요.

9. 철재쟁반에 페인트를 2~3회 칠하고, 월(月)을 적을 곳은 칠판 페인트로 칠한다. 끈으로 현수 고리를 만들어 쟁반 뒤쪽에 글루 건으로 고정한다.

10. 숫자가 새겨진 병뚜껑을 날짜에 맞춰 붙이고, 휴일은 빨간색 병뚜껑을 그대로 붙여 표시한다. 칠판 페인트를 칠한 곳에는 월(月)을 적는다.
11. 붙이고 남은 숫자 병뚜껑은 쟁반 안쪽에 붙여 보관하면 잃어버리지 않는다.

두 여자의 셀프 인테리어

***

안 방

덧창 리폼으로 더욱 환해진 창가 by. 몽실이

저희 집은 단독주택이라 벽이 바로 외벽이에요. 그렇다보니 여름엔 더운 공기가, 겨울엔 찬 공기가 창문으로 많이 들어와서 '어떻게 해야 하나' 항상 고민하고 있었어요. 물론 커튼으로 막을 수 있지만, 자주 세탁을 해야 하고 유행에 따라 바꿔야 하는 번거로움에 선뜻 선택하고 싶지 않았어요.

그래서 선택한 덧창! 몇 년째 사용하고 있지만 불편하거나 찬 공기와 더운 공기를 막는 효과가 없었더라면 사용하지 않고 철거했을 거예요. 너무도 유용하게 잘 사용하고 있고, 덧창이 있는 것과 없는 것의 차이는 분명히 크다는 걸 말씀드리고 싶어요!

🛢 *Interior Set*

목재, 갈매기타카핀, 목공용 본드, 전기타카, 망치, 가구용 페인트, 페인트용 붓, 원단, 가위, 다리미, 건타카, 경첩, 피스(나사), 빠지링 세트, 손잡이, 전동드릴, 메꿈이(퍼티)

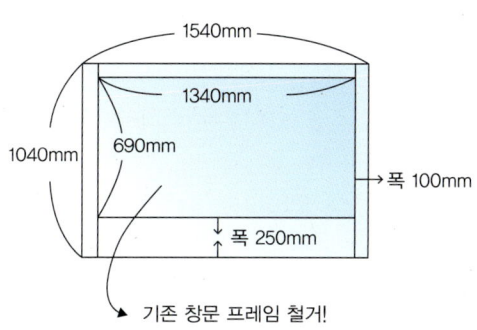

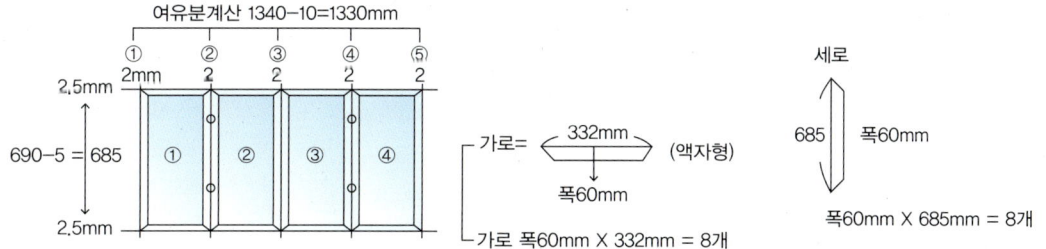

덧창틀과 창문틀로 사용할 나무의 크기를 계산해 주문하세요!

[덧창틀 : 삼나무 두께 24T]
상단가로 1340mm × 폭 100mm × 1개
하단가로 1340mm × 폭 250mm × 1개
세로 1040mm × 폭 100mm × 2개

[쫄대 : 삼나무 두께 15T]
가로 1340mm × 폭 30mm × 2개
세로 750mm × 폭 30mm × 2개

[창문 프레임 액자형 : 미송집성목 두께 15T]
가로 프레임 계산
여유분 2mm × 5 = 10mm
1340mm − 10mm = 1330mm
1330mm ÷ 4 = 332.5mm
= 가로 332mm × 폭 60mm × 8개

세로 프레임 계산
여유분 2.5mm × 2 = 5mm
690mm − 5mm = 685mm
= 세로 685mm × 폭 60mm × 8개

창문틀에 틈이 있어야 잘 열리므로 2~3mm 정도 작게 주문해야 나중에 문이 안 열리는 난감한 상황을 피할 수 있어요. 실제 크기보다 조금 더 작아야 한다는 점을 꼭 기억하세요.
창문틀 목재주문 시 문짝용 프레임으로 주문하면 유리, 원단, 아크릴 등을 작업하기에 편해요.

1. 주문한 덧창틀과 창문틀 나무를 가조립해 크기를 확인한다.
2. 기존에 사용하던 창틀을 제거하고 나사자국을 메꿈이나 퍼티로 메운다. 기존에 사용하던 창틀이 없으면
   바로 진행한다.

3. 기존 창틀이 좁은 관계로 두께 15mm짜리 나무 쫄대에 목공용 본드를 칠한 후 전기타카를 사용
   해 붙인다. 덧창틀로 사용될 나무의 두께는 빠지링이 설치될 자리와 창문프레임의 자리 확보를
   위해 두꺼운 것으로 사용하는 게 좋다.

4. 창문틀은 목공용 본드를 칠한 후 갈매기타카핀과 망치로 조립한
   다. 건타카나 전기타카처럼 공구가 따로 있어야 하는 게 아니라
   서, 나무 두께에 맞는 규격의 갈매기타카핀을 사용하면 튼튼하
   게 조립할 수 있다. 문짝이나 액자틀을 만들 때도 아주 유용한
   방법이다.

5. 덧창의 틀과 창문틀에 가구용 페인트를 2회 칠한 후 건조한다.

6. 창문틀엔 유리 대신 원단을 사용하면 좋다. 준비한 원단을 창문틀에 맞게 가위로 재단하고, 구겨
   진 원단을 다리미로 다린 후 건타카를 이용해 틀 안에 원단을 붙인다.

 유리를 사용해도 되지만 자주 사용하는 덧창이라 안전상 원단을 사용했어요. 원단을 사용하
   면 기분과 계절에 따라 교체해 새로운 느낌을 만들 수 있거든요. 물론 아크릴판이나 방수원단
   을 사용해도 좋아요.

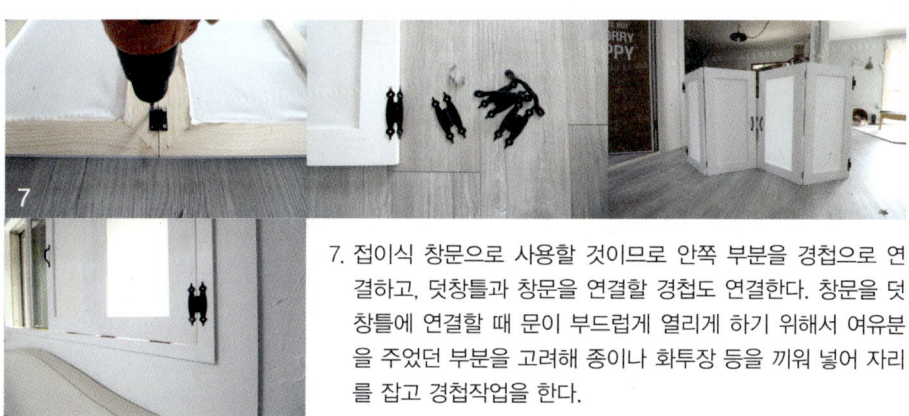

7. 접이식 창문으로 사용할 것이므로 안쪽 부분을 경첩으로 연
   결하고, 덧창틀과 창문을 연결할 경첩도 연결한다. 창문을 덧
   창틀에 연결할 때 문이 부드럽게 열리게 하기 위해서 여유분
   을 주었던 부분을 고려해 종이나 화투장 등을 끼워 넣어 자리
   를 잡고 경첩작업을 한다.

8. 창문을 그대로 두면 제멋대로 열렸다 닫혔다하니 움직이지 않
   도록 빠지링 세트를 장착하면 덧창이 완성된다.

베드테이블로 넓게 사용하는 침실인테리어 by. 몽실이

　침실은 딱 필요한 것만 두고 사용하는 게 좋은 것 같아요.

　아무리 작은 크기의 책상을 두고 사용한다 해도 시간이 지나면 은근히 고민하게 되는 게 책상의 위치죠. 그래서 떠오른 인테리어 아이템! 베드테이블이라면 자리도 많이 차지하지 않고 사용도 편안할 것 같아 만들었는데, 생각했던 것보다 더 유용하게 쓰고 있어요.

　노트북으로 인터넷을 할 때나 독서를 할 때에도 편안하게 침대 위에서 할 수 있어서 좋고, 신랑과 도란도란 이야기꽃을 피울 수 있는 시간도 만들 수 있더라고요. 부부사이도 더 좋아지는 베드테이블 하나쯤 만들어 보는 게 어떨까요?

🥫 Interior Set

베드테이블 맞춤 반제품, 나사(피스), 목공용 본드,
페인트, 붓, 사포(600방), 전동드릴

침대 가이드 테이블은 기성 반제품으로 팔리고 있는 제품이에요. 목재를 주문해 실제로 만들어 보니, 오히려 나무의 견적과 부속에 상당히 많은 돈이 사용되더라고요. 그래서 독자님에게는 기성 반제품을 추천하고, 그에 맞춰 인테리어 방법을 설명할게요.

기성 반제품을 주문할 때 가로길이만 변경해서 주문하면 테이블의 상판은 모두 조립이 되어 배송되고, 다리만 연결해주면 되기에 돈과 시간을 절약할 수 있어요.

Interior Talks

1. 사용하고 있는 침대의 가로길이 실측사이즈를 측정해 반제품을 주문한다.
   기성 반제품 사이즈 : 가로 1200~1400mm× 세로 300mm × 높이(바퀴포함) 850mm
   가로길이 변경 사이즈 : 가로 1800mm × 세로300m × 높이(바퀴포함) 850mm
2. 다리가 연결될 부분에 목공용 본드를 바른다.

3. 전동드릴을 사용하여 피스(나사)를 조여 다리를 고정한다.
4. 다리 바닥 부분엔 바퀴가 장착되어 있어서 앞, 뒤 움직임이 자유롭기 때문에 사용하는데 불편함이 적다.

오래된 못난이 에어컨!
찬넬선반을 활용한 나무로 만드는 에어컨 커버 by. 몽실이

　저희 집 가전제품 중 가장 오래된 에어컨을 안방에서 사용하고 있어요. 요즘 슬림하고 기능 좋은 에어컨들이 많음에도 못 바꾸는 이유는 단하나, 에어컨이 너무 멀쩡하기 때문이에요. 성능하나는 그 어느 에어컨보다 좋죠. 그래서 버리지도 바꾸지도 못하는 못난이 에어컨 취급을 받고 있답니다. 여러분은 성능 좋은 못난이 에어컨의 커버를 어떻게 하실 건가요?

　저는 못난이 에어컨이 설치된 벽의 조건이 좋지 않아, 원단과 나무, 페인트칠을 두고 많이 고민했어요. 또한 한쪽 벽의 여유 공간이 거의 없는 악조건에 에어컨 특성상 공기투입구가 위쪽에 있어서 만드는데 아주 많이 까다로웠어요. 이런 상황 속에서 어떤 아이디어로 만들었는지 구경해 보시고, 여러분의 에어컨 커버에 대한 아이디어에 도움이 되는 리폼이었으면 해요.

after

before

🎨 *Interior Set*

목재, 목공용 본드, 전기타카, 건타카, 전동드릴, 찬넬선반 2개, 찬넬기둥 2개, 찬넬 받침대 8개, 나사(피스), 경첩 8개, 손잡이 2개, 빠지링 4세트, 자투리나무, 가구용 페인트, 페인트 붓, 사포(600방)

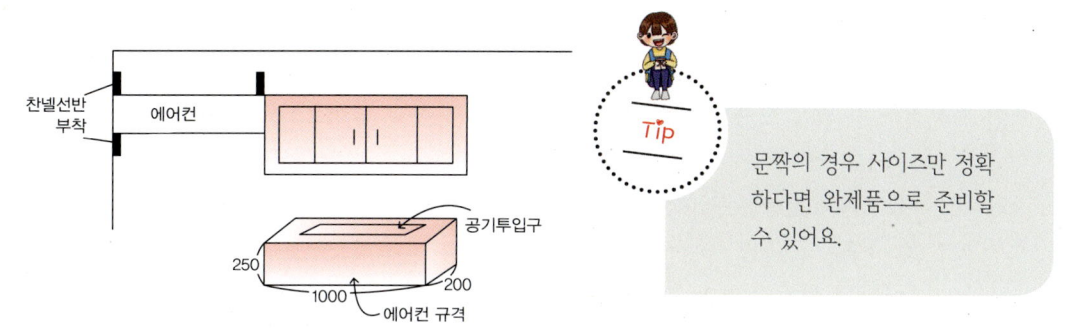

찬넬선반
부착

에어컨

Tip

공기투입구

250

1000

200

에어컨 규격

문짝의 경우 사이즈만 정확
하다면 완제품으로 준비할
수 있어요.

[몸체 : 미송집성복 15T]
상 · 하판 가로 850mm × 폭 50mm × 4개
상 · 하판 세로 250mm × 폭 100mm × 4개
옆판 가로 250mm × 세로 425mm × 1개

[문짝 프레임(각재) : 라왕한치각(28mm × 28mm)]
길이 1050mm × 2개
길이 339mm × 2개

[문짝 프레임 마감용 : 미송집성목 15T]
가로 994mm × 폭 43mm × 2개
세로 425mm × 폭 28mm × 1개
세로 425mm × 폭 43mm × 1개

[문짝 : 미송집성목 18T]
가로 994mm − 14mm = 98mm ÷ 문짝 4개 = 245mm
세로 339mm − 5mm = 334mm
= 245mm × 334mm × 4개

에어컨의 실제 크기와 설치된 벽의 조건에 맞는 크기를 정하고, 에어컨 공기투입구를 막으면 찬바람이 나오지 않는 것
을 고려해 모양을 구상하세요. 그 후 사용할 나무의 재질과 두께를 정해 도면을 그리고, 쇼핑몰에 주문할 나무 크기를 계산하
여 주문해요. 문짝은 크기를 계산할 때 위 · 아래, 양 · 옆 4면 크기에서 2~3mm의 공간을 빼야 열고 닫을 때 수월해요.

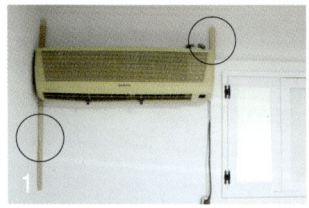

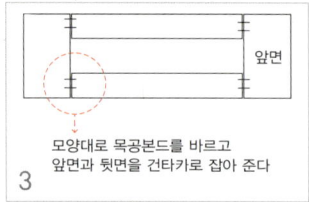

앞면

모양대로 목공본드를 바르고
앞면과 뒷면을 건타카로 잡아 준다

1. 에어컨 주위의 벽에서 돌출되는 높이를 맞추기 위해 자투리나무를 벽에 덧대 높이를 맞춘다.

2. 덧댄 나무를 벽의 색상과 동일한 색으로 페인트칠한다.

3. 에어컨의 상판과 하판을 목공용 본드를 발라 건타카로 모양을 만든다.

저희 에어컨은 공기투입구가 위에 있고, 바람나오는 부분이 아래에 있기 때문에 그 부분을 고려했어요.

4. 찬넬선반 기둥을 원하는 위치에 피스와 전동드릴로 부착한다. 찬넬선반 기둥에 찬넬 반침대로 가조립한 상판과 하판을 부착할 위치를 정하고, 상·하판에 표시한다.

5. 조립하기에 앞서 문짝프레임용 각재와 문짝을 가조립해 크기를 확인한다.

6. 가조립한 문짝프레임용 각재를 목공용 본드로 붙인 후 건타카로 모양을 잡는다. 건타카는 앞뒤 모두 해야 뒤틀림과 연결부분의 벌어짐이 없다.

7. 미리 만들어 놓은 문짝프레임과 에어컨커버의 상판과 하판의 연결 부분에 목공용 본드를 칠하고 전기타카를 사용하여 모양을 만든다.

8. 옆판용 나무를 조립하기 전에 상·하판에 찬넬 선반 받침대를 미리 표시해둔 위치에 부착한다.

9. 에어컨 커버의 옆판용 나무에 목공용 본드를 칠한 후 전기타카로 고정한다.

10. 문짝프레임에 목공용 본드와 전기타카로 마감용 나무를 덧대 보기 흉한 부분을 깔끔하게 마무리한다.

11. 다 만들어진 에어컨 커버의 몸체와 문짝에 원하는 색의 가구용 페인트를 2회 칠한다. 페인트를 1번 칠하고 건조한 후 고운 사포(600방)로 표면을 문질러 다듬고 페인트를 칠하면 더욱 매끄러운 표면을 만들 수 있다.

12. 페인트가 완전히 건조되면 에어컨 커버의 몸체를 찬넬 선반 기둥에 부착한다.

13. 문짝이 접이식으로 열릴 수 있도록 문의 안쪽과 문짝프레임 위치에 경첩을 부착하고, 손잡이를 달아 에어컨 커버 몸체에 연결한다.

Tip

찬넬 선반을 사용하면 분리가 가능해서 에어컨을 청소할 때 편리해요.

14. 문이 안으로 들어가지 않도록 몸체 안쪽에 빠지링을 부착한다.

서랍 리폼으로 공중부양 선반화장대 만들기 by. 몽실이

많은 분들이 좁은 집을 넓게 활용하는 인테리어 방법에 관심이 많으시더라고요. 저 또한 좁은 공간을 활용하는 것을 언제나 선호하는 편이라, 이번에는 자리차지는 많이 안하면서도 제 역할은 제대로 하는 화장대를 만들어보려 해요.

제가 사용해보니 서랍 안에 화장품들을 다 넣을 수 있어 먼지도 안 쌓이고, 공간도 적게 차지해서 아주 잘 만들었다고 자화자찬을 했답니다.

after

before

 *Interior Set*

재활용할 서랍(6개), 재단된 나무, ㄱ자 선반대(특대) 3개, ㄱ자 선반대(소) 2개, 석고보드용 피스 13개, 목재용 피스 9개, 페인트(벽지용 무광, 가구용 저광), 붓, 마스킹테이프, 자, 연필, 전기타카, 전동드릴, 목공용 본드, 사포(600방), 수평자

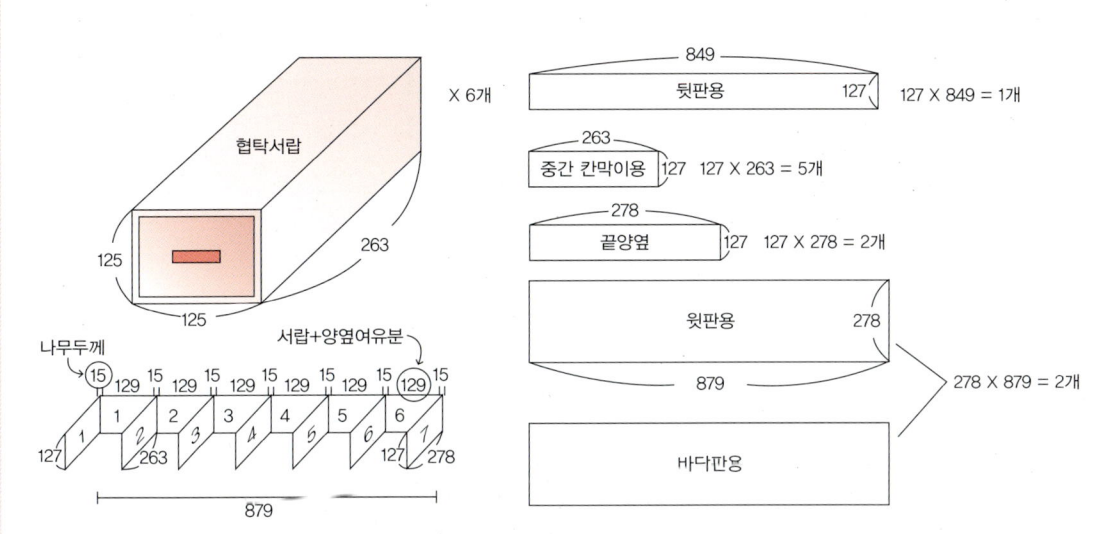

가로 125mm × 높이 125mm × 깊이 263mm 사용한 서랍의 크기에요.
집에서 할 때는 사용할 서랍의 크기에 따라 수치를 변경해야 해요.

※ 가로길이 계산
서랍이 들어갈 칸의 양옆 여유 2mm씩
총 4mm = 125mm + 4mm = 129mm
사용할 서랍 6개 × 129mm = 774mm
나무두께 15mm × 7개 = 105mm
가로길이 774mm + 105mm = 879mm

[몸판 : 미송집성목 15T]
뒤판 = 가로 849mm × 세로 127mm × 1개
중간 칸막이 = 가로 263mm × 세로 127mm × 5개
옆판 = 가로 278mm × 세로 127mm × 2개
상 · 하판 = 가로 879mm × 세로 278mm × 2개

※ 높이길이 계산
서랍이 들어갈 높이 여유분 2mm
125mm + 2mm = 127mm
높이길이 127mm

※ 깊이길이 계산
서랍의 뒷면 나무두께 포함
263mm + 15mm = 278mm

도면을 그려 주문할 목재 크기를 계산하세요. 도면을 그리면서 크기를 계산하면 나무 주문 시에 많은 도움이 돼요. 저는 미송집성목으로 두께 15mm를 사용했어요.

1. 주문한 크기로 절단된 나무를 확인한다.
2. 뒤판용 나무에 중간 칸막이용 나무의 위치를 자와 연필로 양쪽 면 모두에 표시한다. 이는 전기타카를 쏠 때 칸막이의 위치를 알기 위함이므로 나무의 두께를 고려해 표시한다.
3. 뒤판과 옆판에 목공용 본드를 칠한 후 전기타카로 조립한다.

4. 뒤판에 표시한 위치에 목공용 본드를 칠한 후 중간 칸막이를 전기타카로 조립한다.
5. 상판과 하판에 본드를 칠한 후 전기타카를 사용해 조립한다.
6. ㄱ자 선반대 3개를 서랍 하판에 나무두께에 맞는 피스(목재용 9개)와 전동드릴로 박는다.

Tip

화장대가 설치된 벽은 석고보드 벽이라 석고보드용 피스를 사용해서 설치했지만, 만약 콘크리트 벽이라면 벽에 타공을 한 후 칼브럭을 삽입하고 피스로 고정하면 돼요.

7. 화장대 벽으로 사용할 위치에 선반대를 피스(석고보드용)로 고정한다. 수평을 맞춰야 하기에 수평자로 수평을 맞추며 작업한다.
8. 하판에만 선반대를 부착했을 때 상판쪽이 들뜨는 경우가 있는데, 이때는 작은 선반대로 양끝을 벽에 부착한다.

 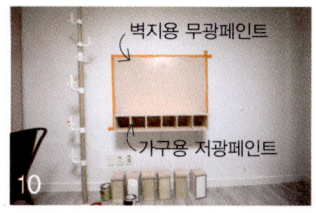 

9. 분할페인트로 포인트를 주기 위해 마스킹테이프를 붙여 페인트를 칠할 부분을 분리한다.
10. 벽지용 무광페인트와 가구용 저광페인트로 2회씩 칠한다. 단, 화장대는 페인트를 1회 칠한 후 고운사포로 사포질을 하고 두 번째 페인트칠로 마무리한다.
11. 마스킹테이프를 벽에서 떼어내면 완성이다.

Bonus Interior

포인트 유리병 리폼

화장대에 포인트가 될 재활용리폼을 알려드릴게요.
바로! 주방에서 양념 병으로 사용하던 유리병이에요. 오래 사용하다 보니 뚜껑이 부식되어 못쓰고 있었
는데, 병의 모양이 예뻐서 버리지 않고 모아두었다가 리폼으로 새롭게 탄생시켰어요. 손잡이가 있는 손
거울이나 머리빗, 화장품 브러시 등을 정리하면 아주 좋아요.

1. 유리병을 깨끗이 세척하고 건조한다.

2. 유리병을 거꾸로 뒤집는다. 스프레이 페
인트를 위 아래로 5분 이상 흔들고 몇
차례 분사 연습을 한다.

3. 스프레이를 유리병 가까이서 분사하지
말고 멀찌감치 떨어진 상태에서 분사를
하면 흘러내리는 것을 최소화하며 칠할
수 있다.

4. 1차 분사 후 2시간 이상 건조시키고, 2
차 분사 후 건조해 마무리한다.

 따로 젯소나 초벌제를 하지 않아도
스프레이의 접착이 좋아 단단하게 굳
어요.

동파이프로 벽조명 만들기 by. 몽실이

조명을 만들고는 싶은데 어떤 게 좋을까 고민하다 파이프를 가지고 만들어 봤어요. 각종 설비용으로 쓰이던 파이프가 요즘은 DIY용으로 흑관, 백관, 동관 등 여러 색상으로 나오더라고요. 또 함께 사용할 수 있는 연결 부속까지 쉽게 구할 수 있어 만들고자 하는 의욕만 있다면 인테리어용품으로 아주 좋아요. 흑관과 백관은 직접 절단하기에 적합하지 않아 동관(동파이프)을 사용해 원하는 디자인의 조명으로 꾸몄어요.

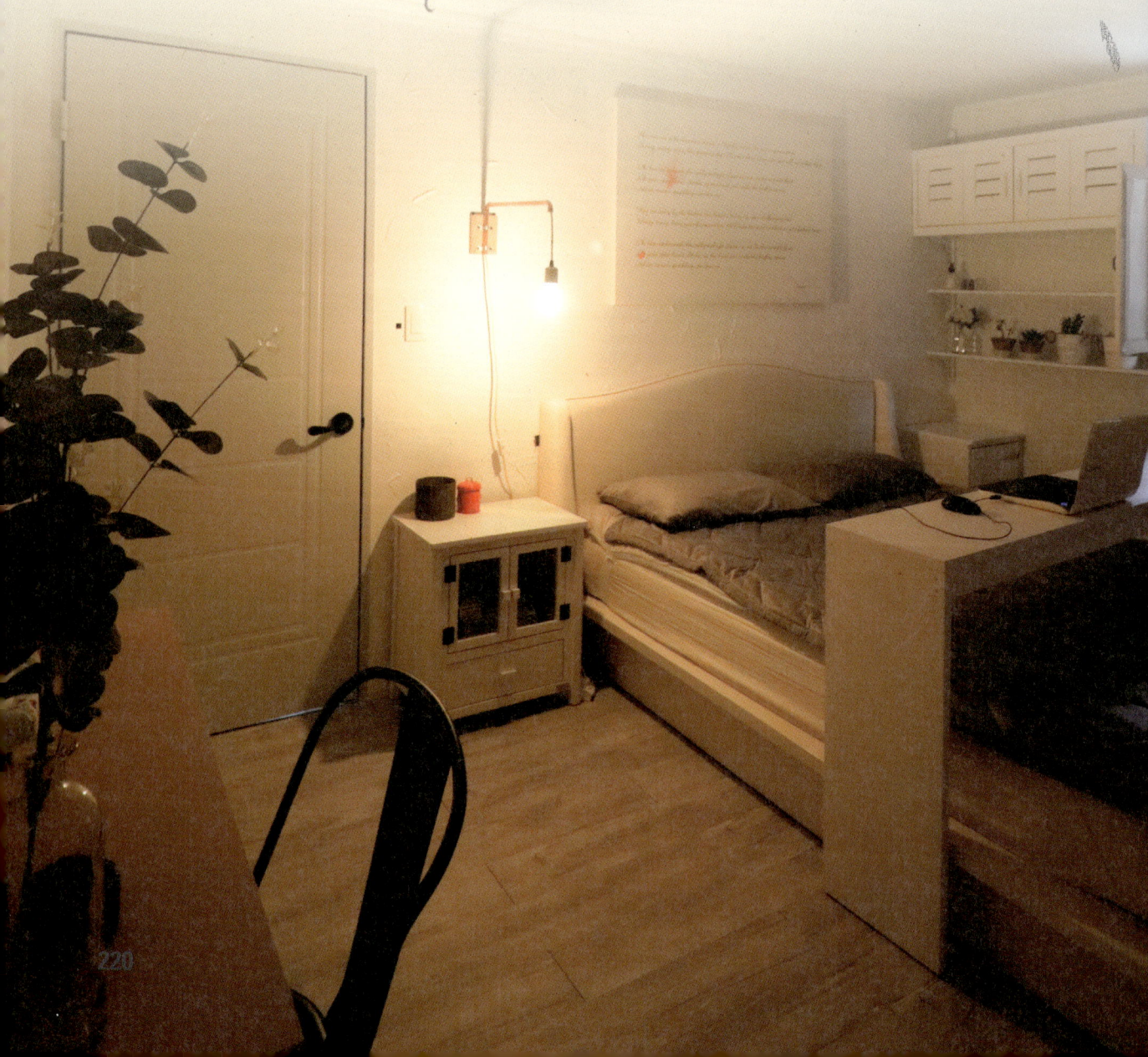

 *Interior Set*

자투리 나무, 동파이프, 90° 엘보 2개, 파이프절단기, 30cm 자, 볼펜 or 사인펜, 중간스위치코드, 전선, 순간접착제, 전구, 소켓, 드라이버, 사포, 액자걸이 2개, 나사, 양철손잡이 2개, 고무망치, 펜치, 톱, 우드스테인, 붓

Interior Talks

조이며
절단

360° 회전하면서
절단

1. 동파이프에 원하는 길이만큼 자와 볼펜으로 표시한다.
2. 절단기 커터 날 끝부분에 파이프의 표시한 부분을 고정한다. 절단기의 손잡이를 돌려 조이고 파이프를 360° 회전한다. 손잡이를 돌려 조이고 파이프를 회전하는 과정을 반복해 절단한다.

3. 자투리 나무를 원하는 크기로 자르고, 사포로 표면을 다듬는다.
4. 나무에 우드스테인을 칠하고 말린다.

5. 나무에 액자걸이를 나사로 고정한다. 액자걸이 대신 캔고리를 사용해도 된다.
6. 양철손잡이를 고무망치로 때려 펴고, 파이프 크기만큼 펜치로 구부린다.
7. 구부린 양철손잡이로 파이프를 나무에 고정한다.

| 90° 엘보 조립 | 긴파이프 조립 | 90° 엘보 조립 |

8. 파이프와 연결 부속을 미리 가조립해 만드는 순서를 파악한다.

9. 중간스위치코드는 소켓에 연결될 부분 – 중간스위치 – 코드까
   지이다. 연결될 부분에서 중간스위치까지의 전선길이는 100cm
   이상 길이로 준비한다.

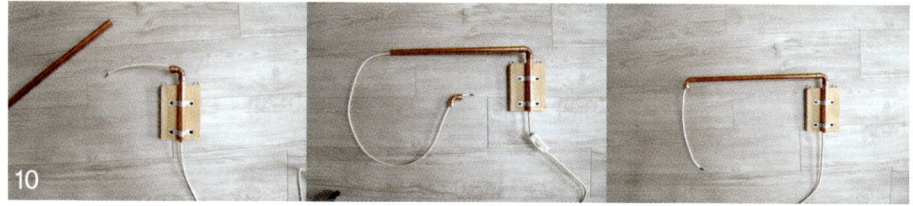

10. 전선을 파이프 관속으로 통과하고 미리 눈으로 익혀둔 순서대로 조립한다.

  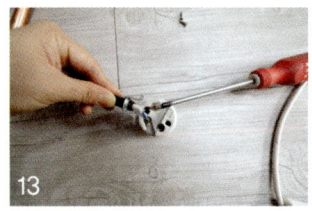

11. ① 사출너트 – ② 소켓커버 – ③ 와이어볼트 – ④ 스크류소켓의 순서로 조립한다.

12. 와이어볼트를 소켓에서 분리한다.

13. 소켓에 전선을 연결한다.

14. 분리했던 와이어볼트를 다시 연결한다.

15. 소켓커버와 사출너트까지 조립하고 전구를 끼운다.

16. 마지막으로 파이프와 90° 엘보 각각에 순간접착제를 발라 연결하면 완성이다. 본드 작업을 마지막에 해야 전선을 연결할 때 편리하다.

Tip

동파이프 광내는 방법

• 주방수세미로 파이프를 닦은 후 마른 천으로 닦으세요.

• 소금+식초를 혼합한 물을 부드러운 천에 적셔 파이프를 닦은 후 마른 천으로 닦으세요.

• 치약을 물티슈나 젖은 천에 묻혀 닦은 후 마른 천으로 닦으세요. 치약은 파이프의 글자를 지울 수 있어요.

• 아세톤으로 파이프의 글자를 지울 수 있어요.

필요한 도구

1) 코바늘

코바늘은 실의 굵기에 따라 선택해서 사용하는데, 모사용과 레이스용으로 나눈다. 일반적으로 뜨개질할 때는 모사용 코바늘을 사용하고, 아주 얇은 실로 뜰 때는 레이스용 코바늘을 사용한다. 모사용은 호수가 클수록 바늘이 굵어지고, 레이스용은 호수가 클수록 바늘이 가늘어진다.

2) 대나무왕코바늘

대나무로 만들어진 큰 코바늘이다. 일반적으로 패브릭얀이라는 실처럼 아주 굵은 실을 뜰 때 사용한다. 9mm와 12mm가 있다.

3) 돗바늘

털실을 꿰맬 때나 마무리할 때 사용한다.

4) 가위

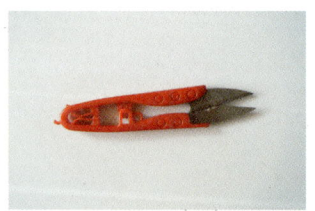

마무리할 때 실을 자르는 용도로 사용한다.

5) 아이돌

내츄럴코튼 70%, 내츄럴레이온 15%, 아크릴 15%로 코바늘 4~6호를 사용하면 된다. 부드럽고 가벼우며, 통통 튀는 색감과 뛰어난 흡습성으로 블랭킷, 쿠션, 가방, 인형 등 다양한 작품에 활용된다.

6) 액센트1

코튼 65% 아크릴 35% 함유량으로 멜란지 & 트위드 느낌이 나서 매우 고급스럽다. 면혼방사로 포근한 느낌이 들어 겨울소품 뜨기에 좋다.

7) 패브릭얀

옷 제작 후 남은 천을 잘라서 만든 업싸이클링 실이다. 두께가 두꺼워 대나무왕코바늘을 사용한다. 먼지가 적고 털날림이 없어 아이들 방의 러그나 발판, 쿠션, 가방, 팔찌 등에 많이 쓰인다.

8) 램스울

램스울은 어린 양의 털에 기타원료를 섞어 만든 실로 빈티지함과 톤다운된 색감을 나타내기 좋다.

기본 익히기

1) 기본자세

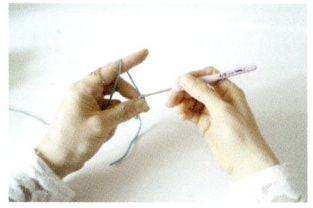

코바늘에서는 처음 자세를 익히는 것이 중요하다. 한 번의 습관이 평생을 가기 때문에 나중에 자세를 바꾸려면 힘들다. 기본적으로 왼손으로 실을 잡고, 오른손으로 코바늘을 잡는다. 필자는 왼손잡이지만, 코바늘은 기본자세로 시작했다. 대부분의 뜨개도안이 오른손잡이용으로 나와 있어서 왼손잡이도 오른손으로 코바늘을 잡는 게 훨씬 편하다.

2) 오른손으로 코바늘 잡는 방법

엄지와 검지로 코바늘을 가볍게 잡고, 중지로 받친다.

3) 왼손으로 실 잡는 방법

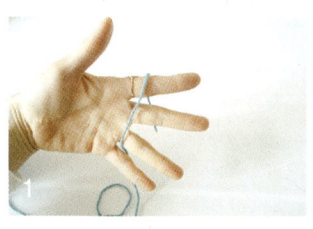

1. 실을 약지와 새끼손가락 사이로 끼우고 검지 위로 넘긴다.

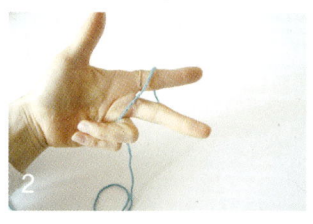

2. 약지와 새끼손가락으로 실을 감싼다.

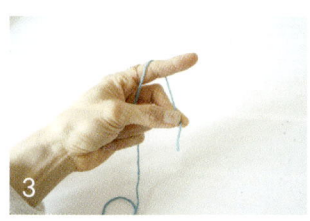

3. 엄지와 중지로 실을 가볍게 잡는다.

4) 실 잇는 방법

뜨개를 하다가 한 볼의 실이 다 떨어졌거나 실색을 변경할 때 다른 실로 잇는 방법이다. 그냥 질끈 묶어서 사용해도 되지만 이 방법을 사용하면 묶이는 부분이 작고, 잡아 당겼을 때 절대 풀리지 않는다.

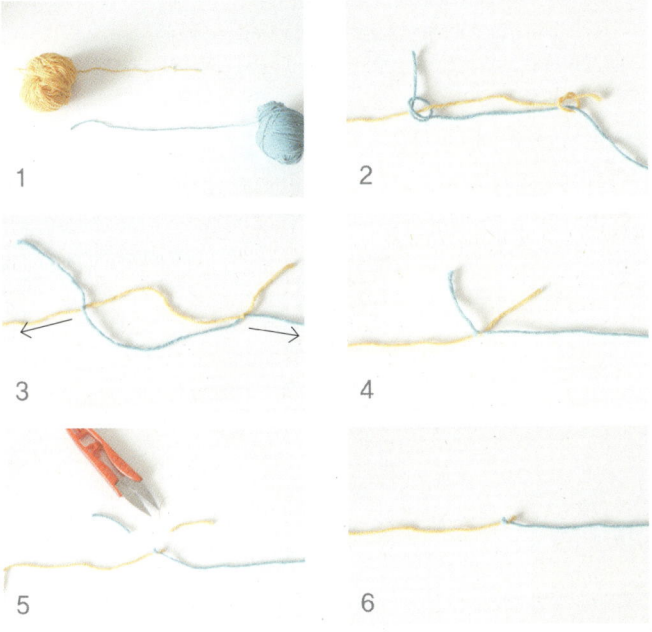

1. 두개의 실을 양쪽으로 놓는다.
2. 양쪽 끝에서 각기 다른 실을 안고 묶는다.

3. 묶어서 양쪽으로 잡아낭긴다.
4. 묶인 곳이 가운데로 모인다.

5. 실의 나머지를 자른다.
6. 실 잇기가 완성이다

5) 마무리 실 정리하는 방법

뜨개질을 마치고 나면, 시작하고 끝을 맺었을 때 실이 남게 된다. 그 실을 정리하는 방법이다.

1. 남은 실을 돗바늘 귀에 끼운다.
2. 같은 색으로 뜬 곳, 뒷면에 바늘을 넣는다.

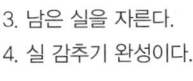

3. 남은 실을 자른다.
4. 실 감추기 완성이다.

이 책에서 사용하는 뜨개기법 기호 알아두기

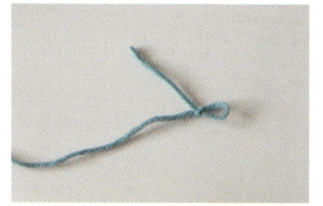

1. 기본코 만들기

2. 사슬뜨기

3. 원형코 만들기

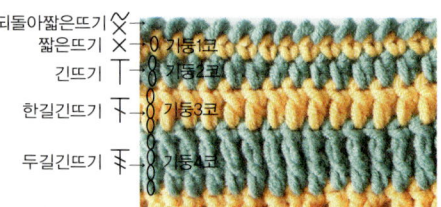

되돌아짧은뜨기
짧은뜨기
긴뜨기
한길긴뜨기
두길긴뜨기

기둥1코
기둥2코
기둥3코
기둥4코

4. 되돌아짧은뜨기

짧은뜨기

긴뜨기

한길긴뜨기

두길긴뜨기

228

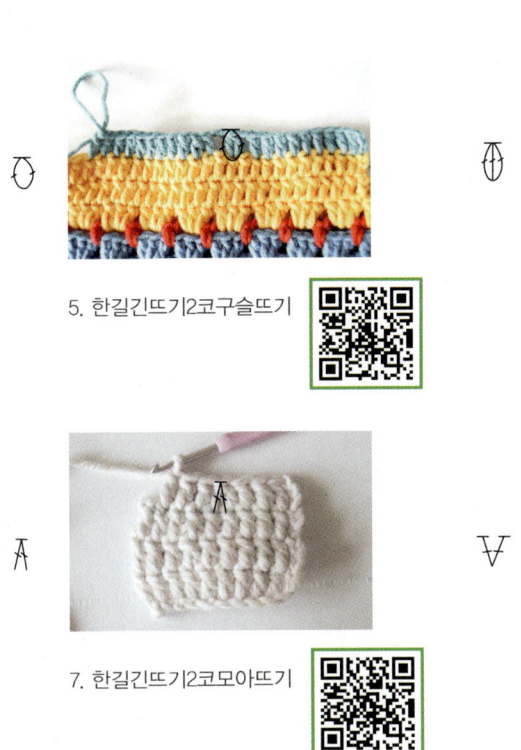

5. 한길긴뜨기2코구슬뜨기

6. 한길긴뜨기3코구슬뜨기

7. 한길긴뜨기2코모아뜨기

8. 한길긴뜨기2코늘리기

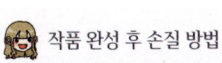

9. 빼뜨기

10. 피코뜨기

🙂 **작품 완성 후 손질 방법**

뜨개질을 모두 마친 작품은 사용하기 전에 세탁을 한번 하는 것이 좋아요. 울샴푸나 액체세제를 이용해 가볍게 손세탁하여 탈수한 후 바람이 잘 드는 평평한 곳에 올려서 말리세요. 옷걸이나 빨랫줄에 널면 늘어지기 때문에 말릴 때는 큰 바구니 등에 올려서 말리는 것이 좋아요. 살짝 덜 말랐을 때 모양을 잡아가며 다림질을 하거나 바짝 말리면 사용할 때 모양이 그대로 잡힌답니다.

뜨개 초보라면 이걸로 시작해보자!
그래니스퀘어 쿠션커버 뜨기 by. 수선화

　뜨개의 가장 기본이 되는 그래니스퀘어모티브는 한길긴뜨기와 사슬뜨기만 사용해서 뜨기 때문에 뜨개를 처음 시작한 사람이라면 무리 없이 완성하는 작품이에요. 실제로 저도 고등학교 때 코바늘 기본뜨기를 배우고 나서 까맣게 잊고 지내다가, 5년 전 우연히 유튜브에서 그래니스퀘어모티브 뜨는 동영상만 보고서 블랭킷을 완성했어요. 그만큼 기본뜨기만 익히면 바로 도전할 수 있답니다.

　그래니스퀘어모티브는 실배합을 어떻게 하느냐에 따라 여러 느낌으로 표현할 수 있어 몇 번 떠봤더라도 또 뜨고 싶어져요. 같은 방법으로 크게 뜨면 무릎담요 등을 만들 수 있고, 작게 떠서 여러 장을 이으면 또 다른 느낌의 블랭킷이나 쿠션커버, 앞치마, 조끼, 외투 등 활용할 수 있는 방법이 아주 많아요.

　32장의 그래니스퀘어모티브를 이으면 쿠션커버를 완성할 수 있어요. 뜨는 방법과 실색 바꾸는 방법, 모티브 잇는 방법 등을 사진과 동영상으로 상세히 알려드릴 테니 차근차근 따라해 뜨개하는 사람이라면 하나쯤은 갖고 있는 뜨개쿠션을 만들어 포인트 인테리어에 활용해보세요.

Interior Set

램스울빈티지(카키멜란지 1볼, 자주트위드멜란지 1볼, 오렌지멜란지 2볼, 진데님트위드멜란지 2볼, 아이보리 2볼), 코바늘 4호, 단추 4개, 쿠션 솜(35×35)

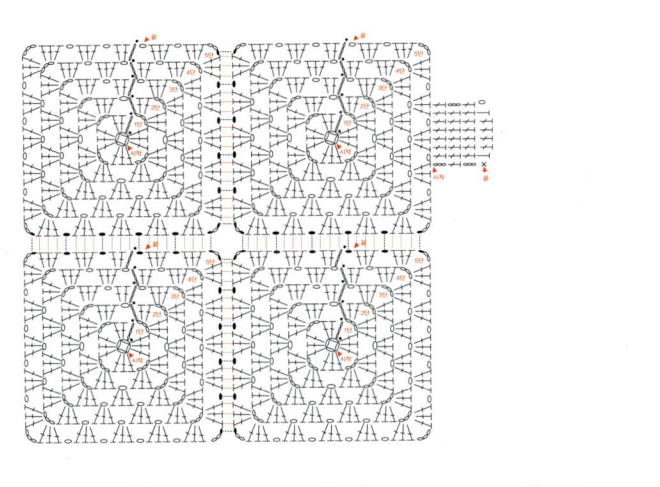

도안 275쪽

⊣ *Interior Talks*

▶ 그래니스퀘어모티브 뜨기

1. 고리를 만든다.
2. 사슬 4개를 뜬 후 첫 사슬에 빼뜨기해서 원형 고리를 만든다.
3. 사슬 3개로 한길긴뜨기의 기둥코를 올린다.

4. 한길긴뜨기 2개를 뜬다.
5. 사슬 3개를 뜬다.
6. 한길긴뜨기 3개를 뜬다.

7. 사슬 3개, 한길긴뜨기 3개, 사슬 3개, 한길긴뜨기 3개, 사슬 3개, 빼뜨기 순서로 떠서 1단을 완성한다.
8. 2단을 시작한다. 사슬 3개(한길긴뜨기의 기둥코)와 사슬 1개를 더 뜬다.
9. 1단의 사슬 3개 부분에 한길긴뜨기 3개, 사슬 3개, 한길긴뜨기 3개, 사슬 1개 순서로 뜬다.

10. 다른 코너에도 반복해서 2단을 완성한다.
11. 3단에 사슬 3개(한길긴뜨기의 기둥코)를 올린다.
12. 2단의 사슬 1개 부분에 한길긴뜨기 2개와 사슬 1개를 뜬다.

13. 2단의 코너에 한길긴뜨기 3개, 사슬 3개, 한길긴뜨기 3개, 사슬 1개를 뜨고, 2단의 사슬 1개 부분에는
    한길긴뜨기 3개, 사슬 1개를 떠서 3단을 완성한다.
14. 같은 방법으로 4단과 5단을 완성한다.

▶ 그래니스퀘어모티브 실 바꾸는 방법

15. 그래니스퀘어모티브 2단까지 같은 방법으로 뜬다. 새로 바꿀 색실은 고리를 만든다.
16. 사진처럼 모티브에 코바늘을 끼우고 고리를 잡아서 밖으로 뺀다.
17. 한길긴뜨기 기둥코인 사슬 3개를 뜬다.

18. 2단의 사슬 1개자리에 한길긴뜨기 2개와 사슬 1개를 더 뜬다.
19. 그래니스퀘어모티브 뜨기와 같은 방법으로 3단을 뜬다.
20. 아이보리색실로 바꾼 후 사슬 3개를 떠 올린다.

21. 한길긴뜨기 2개와 사슬 1개를 더 뜬다.
22. 같은 방법으로 4단과 5단을 완성한다.

▶ 그래니스퀘어모티브 잇는 방법

23. 모티브 한쪽 면을 연결하기위해 4단까지 뜨고 5단 코너부분에 한길긴뜨기를 3개 뜬다.

24. 코너부분의 사슬 3개 중에서 사슬 1개는 그냥 뜨고, 중간의 사슬은 잇고, 3번째 사슬은 그냥 뜬다. 2번째 잇는 사슬을 뜰 때는 실을 바늘의 오른쪽에 두고 다른 모티브의 코너에 코바늘을 끼운다.

25. 아이보리색실을 잡아 빼서 짧은뜨기를 한다. 그 다음 사슬 1개를 뜬다.

26. 한길긴뜨기 3개 부분을 이어줄 차례다. 실을 바늘의 왼쪽에 두고, 다른 모티브의 한길긴뜨기 머리에 바늘을 쏙 넣는다.

27. 아이보리색실로 한길긴뜨기 할 때처럼 실을 한번 감는다.

28. 아이보리색모티브 코너에 실을 걸어 뺀다.

29. 실을 감아서 한길긴뜨기를 할 때처럼 한번 뺀다.

30. 두 번째 뺄 때는 하늘색모티브 한길긴뜨기의 머리까지 한꺼번에 뺀다.

31. 한길긴뜨기는 같은 방법으로 잇는다.

32. 사슬부분 이을 때는 실을 코바늘의 오른쪽에 둔다.

33. 하늘색모티브의 사슬에 코바늘을 넣어 짧은뜨기를 해서 잇는다.

34. 한길긴뜨기와 사슬뜨기 부분의 이어진 모습이다.
35. 같은 방법으로 계속 이어 연결한다.
36. 같은 방법으로 가로부터 잇고, 나머지부분을 이으면 된다.

▶ 그래니스퀘어모티브 마무리

37. 16개를 이어 한쪽 면을 완성한다.

38. 뒤쪽도 앞면에 이어가면서 뜬다.

39. 뒤쪽도 16개를 모두 이어 완성하고, 단추를 여밀 부분을 뜬다.

40. 모티브 중간부분에 한길긴뜨기 8개를 3단까지 뜨고, 마지막 단은 사슬 1개, 긴뜨기 1개, 한길긴뜨기 4개, 긴뜨기 1개, 짧은뜨기 1개로 마무리한다. 가장자리 모티브 4개에 같은 방법으로 단춧구멍을 뜬다.

41. 반대편에는 한길긴뜨기 사이로 들어갈 만한 작은 단추를 단다.

42. 쿠션 솜을 집어넣고, 여밈 부분의 한길긴뜨기 사이에 단추를 끼운다.

43. 벗길 수 있는 쿠션커버가 완성이다.

뜨개별 사이로 들어오는 햇살,
별빛조각커튼 뜨기 by. 수선화

침실에는 별도의 커튼이 필요 없었어요. 불투명창이라 굳이 큰 커튼으로 가리지 않아도 되었고, 또한 남향집이라 따뜻한 햇살도 잘 들어왔거든요. 그 햇살이 좋아서 굳이 큰 커튼으로 한쪽 벽을 막기가 싫었어요.

헌데 또 큰 창을 덩그러니 두기엔 좀 휑한 감이 있어서 어떻게 할까 하다가 조각커튼을 떠보자는 생각을 했어요. 뜨개실로 뜬 색색의 별 모티브를 이어 만든 별빛커튼을 달면 그 사이로 들어오는 햇살이 너무 예쁠 것 같았거든요. 별 모티브를 시간이 날 때마다 하나씩 하나씩 뜨기 시작해 182개의 모티브를 모아 별빛뜨개커튼을 완성했어요.

창가에 거는 순간, 별모티브 사이사이로 들어오는 햇살이 어찌나 예쁘던지 진작부터 만들걸 그랬나 봐요. 아늑한 느낌에 자꾸만 침실에 머물고 싶게 하는 마법을 가진 별빛뜨개커튼을 한번 떠볼까요.

📦 *Interior Set*
램스울 각 색별로 1볼씩, 흰색실 1볼, 코바늘 5호, 커튼봉

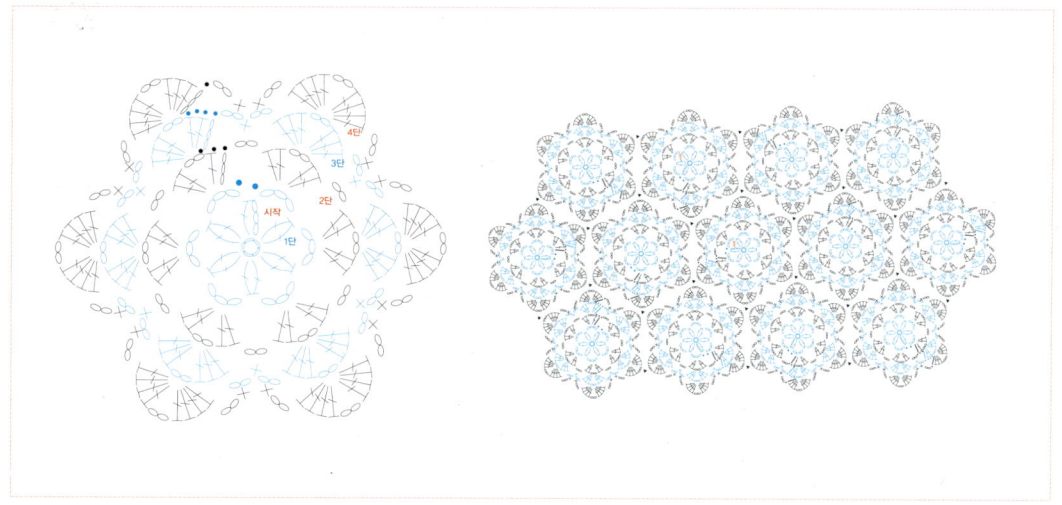

도안 276, 277쪽

⊞ *Interior Talks*

▶ 별모티브 1단 뜨기

1. 별을 만들 색실로 고리를 만든다.
2. 사슬 5개를 뜨고 첫 번째 사슬에 빼뜨기해서 원을 만든다.
3. 한길긴뜨기의 기둥코가 될 사슬 3개를 올린다.

4. 원안에 한길긴뜨기 1개, 사슬 3개를 뜬다.
5. 한길긴뜨기2코구슬뜨기, 사슬 3개를 뜬다. 반복하여 총 6개의 무늬를 만든다.

▶ 별모티브 2, 3단 뜨기

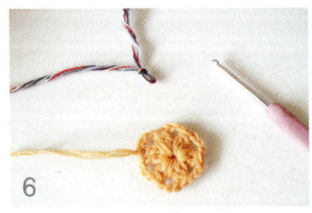

6. 다른 색실로 고리를 만들어 준비한다.

7. 1단의 사슬 3개 칸에 고리를 끼워 사슬 3개(한길긴뜨기 기둥코)와 한길긴뜨기 1개, 사슬 2개, 한길긴뜨기 2개, 사슬 2개를 뜬다.

8. 다음 1단의 사슬 3개 칸에 한길긴뜨기 2개, 사슬 2개, 한길긴뜨기 2개, 사슬 2개를 뜬다. 반복하여 뜨다가 마지막에서 처음에 시작했던 사슬뜨기 3개(한길긴뜨기 기둥코) 중에 3번째 사슬에 빼뜨기한다.

9. 2단의 한길긴뜨기에 빼뜨기, 그 옆에 사슬에 빼뜨기하여 한길긴뜨기 2개와 또 다른 한길긴뜨기 2개 사이의 사슬 2개 부분으로 3단의 시작점을 옮긴다.

10. 한길긴뜨기의 기둥코가 될 사슬 3개를 올린다.

11. 그 자리에 한길긴뜨기 2개, 사슬 2개, 한길긴뜨기 3개를 뜬다.

12. 사슬 2개를 뜨고, 2단의 사슬 2개 부분에 짧은뜨기 1개, 다시 사슬 2개를 뜬다.

13. 같은 방법으로 한길긴뜨기 3개, 사슬 2개, 한길긴뜨기 3개, 사슬 2개, 짧은뜨기 1개, 사슬 2개를 6군데 모두 반복해 뜬다.

▶ 별모티브 4단 뜨기, 잇기

14. 처음자리에서 빼뜨기하여 3단을 마무리한다.

15. 4단의 시작점을 3단의 사슬 2개 부분으로 옮기기 위해 빼뜨기한다. 한길긴뜨기의 기둥코가 될 사슬 3개를 올리고 한길긴뜨기 3개, 사슬 2개를 뜬다.

16. 같은자리에 한길긴뜨기 4개를 뜬다.

17. 사슬 2개를 뜨고, 3단의 사슬 2개자리에 짧은뜨기 1개, 그 옆 사슬 2개자리에 짧은뜨기 1개, 사슬 2개를 뜬다.

18. 같은 방법으로 한길긴뜨기 4개, 사슬 2개, 한길긴뜨기 4개, 사슬 2개, 짧은뜨기 1개, 짧은뜨기 1개, 사슬 2개를 반복하여 6군데 모두 완성한다. 그럼 별 모티브가 완성이다.

19. 모티브를 이을 때는 각 별의 모서리마다 이으면 된다.

20. 마지막 단에서 한길긴뜨기 4개, 사슬 2개를 뜨는데, 이때 사슬 하나를 다른 모티브와 연결을 하면서 뜬다. 즉 한길긴뜨기 4개, 사슬뜨기 1개, 이으면서 사슬 1개, 한길긴뜨기 4개 순서로 뜨면 된다.

21. 두개의 모티브가 만나는 지점에서는 사슬 2개 중에서 하나는 오른쪽 모티브 사슬에, 다른 사슬 하나는 왼쪽 모티브 사슬에 이으면서 뜬다.

22. 다른 한 쪽도 20번과 같은 방법으로 잇는다.

23. 창문 크기에 맞게 모티브를 떠서 이
　 으면 별빛조각커튼이 완성이다.

▶ 별빛조각커튼을 커튼봉에 걸기

24. 커튼을 걸때는 압축봉이나 일반봉
　 을 모티브 사이사이에 끼우거나 커
　 튼링을 사용하여 건다.

바닥에 깔아야 더 멋진 녀석!
하운드무늬 러그 뜨기 by. 수선화

　바닥에 러그를 깔면 따뜻함은 물론 소음도 방지하고, 인테리어에도 큰 변화를 줄 수 있어요. 특히 침대 발치에 깔면 포근하고 아늑한 침실을 꾸밀 수 있죠. 침대 아래에 둘 러그를 사려고 여기저기 찾아봤는데, 하나같이 사이즈가 죄다 크고 길이가 딱 맞다하면 폭이 맞지 않고, 또 폭이 맞다하면 너무 길어서 원하는 사이즈의 러그를 찾기가 쉽지 않더라고요. 그래서 원하는 사이즈를 뜨개로 떠보자고 결심했는데, 때마침 '패브릭얀'이라는 실을 알게 되었어요. 옷을 만들고 남은 천으로 만든 실로 제법 두께감이 있어서 빨리 뜰 수 있을 것 같고, 무엇보다 먼지가 나지 않는다고 해서 더 관심이 갔어요.

　뜨개로 꾸미는 침실인테리어! 이번에는 러그에 도전해볼까 해요.

　크기가 크다고 해서 절대 두려워할 필요는 없어요. 앞서 쿠션커버에서 익혀두었던 그래니스퀘어 뜨는 방법을 약간 변형하면 하운드무늬로 된 러그를 뜰 수 있거든요. 뜨개질로 떠서인지 밟으면 톡톡한 느낌도 있고, 제법 무게감도 있어서 미끄러지지 않아요. 내손으로 떠서 더 매력적인 패브릭얀 러그. 실과 바늘이 두껍고 커서 어색할 수도 있지만, 손에만 익으면 의외로 빠른 시간 내에 완성할 수 있으니 바로 시작해볼까요?

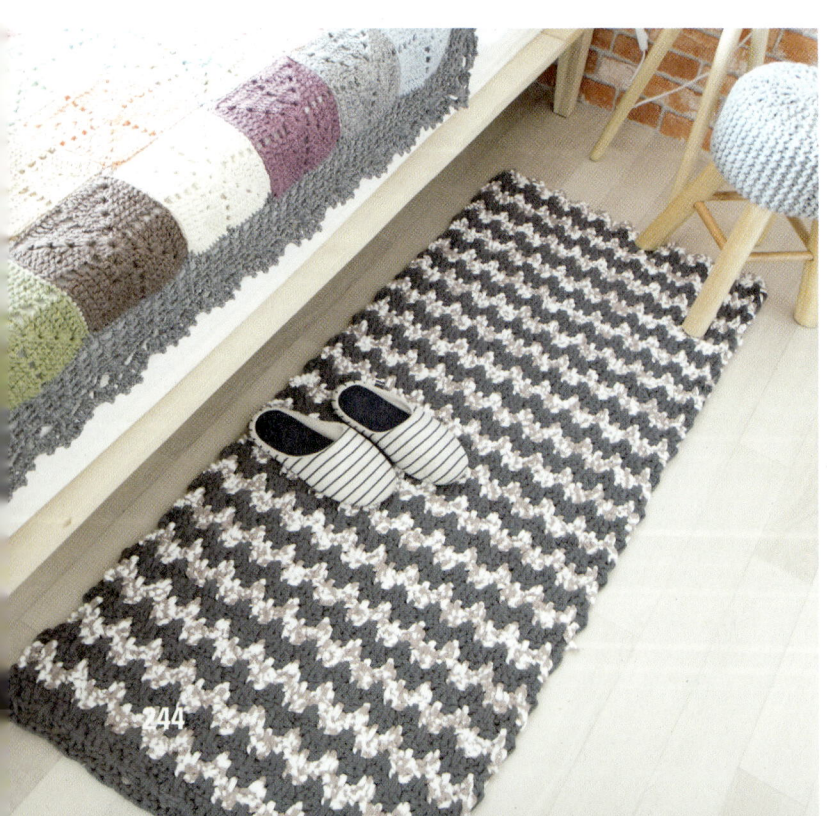

Interior Set

파빠르 패브릭얀 진그레이 4볼, 화이트베이지믹스 3볼, 대나무왕코바늘 12mm
완성사이즈 : 약 150cm x 65cm

244

반복 77단 까지 완성
:

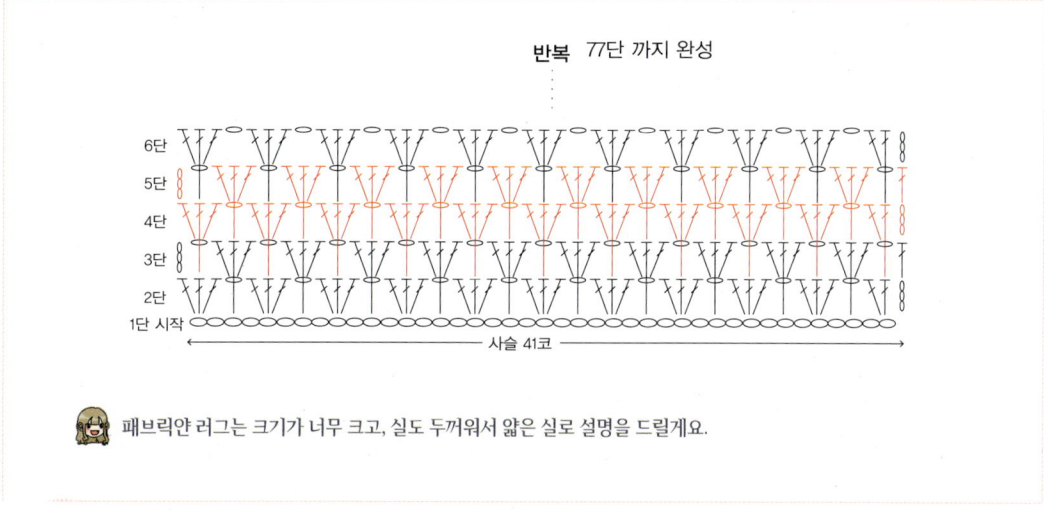

6단
5단
4단
3단
2단
1단 시작

← 사슬 41코 →

🧑 패브릭얀 러그는 크기가 너무 크고, 실도 두꺼워서 얇은 실로 설명을 드릴게요.

도안 278쪽

⊞ *Interior Talks*

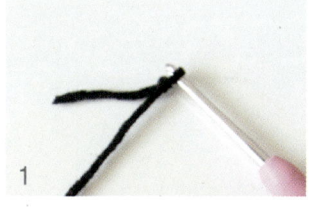

1. 고리를 만들어 준비한다.
2. 원하는 사이즈로 사슬을 뜬다. 여기서는 41코를 떠서 폭 64cm 정도의 러그를 만들 예정이다.
3. 한길긴뜨기의 기둥코로 사슬 3코를 떠올린다.

4. 기둥코 바로 전 사슬구멍에 한길긴뜨기 2개를 뜬다.
5. 사슬 1개를 뜨고, 4번에서 한길긴뜨기 했던 사슬구멍에서 왼쪽으로 4번째 사슬에 한길긴뜨기 3개를 뜬다.
   마지막까지 반복한다.
6. 편물을 뒤집어서 사슬 4개를 뜬다.

7

8

9

7. 2단의 사슬에 한길긴뜨기 1개, 1단의 사슬에 한길긴뜨기를 길게 1개, 2단의 같은 사슬에 한길긴뜨기 1개, 사슬 1개를 뜬다.

8. 같은 방법으로 반복한다.

9. 3단의 마지막 한길긴뜨기 끝에서 실을 다른 색으로 바꾼다. 이때 실은 자르지 않고, 계속 올려가면서 뜬다.

10

11

10. 2단과 3단을 뜬 것과 같은 방법으로 뜬다.

11. 3단과 4단을 완성한다.

12

12. 원하는 길이까지 계속 뜨면 완성이다. 여기서는 77단까지 떴다. 실을 바꿀 때 자르지 않고, 안아가면서 떴기 때문에 옆모습도 깔끔하다.

침실의 분위기를 확 바꿔주는
빈티지베드스프레드 뜨기 by. 수선화

'침실을 뜨개로 꾸며야지'라는 생각을 하면서 가장 먼저 해보고 싶었던 건 바로 베드스프레드였어요. 제법 사이즈가 커서 쉽게 도전할 생각을 하지 못했는데, 그래도 뜨개를 하는 사람이라면 베드스프레드 하나쯤은 소장해야 하지 않을까 싶어서 용기를 냈어요.

피부에 직접적으로 닿는 거라서 부드럽고, 어느 계절에도 잘 어울리도록 톤다운된 무난한 컬러의 털실을 찾다가 '엑센트1'이라는 실을 찾았어요. 코튼 65%, 아크릴 35%로 구성된 이 실은 멜란지 느낌과 빈티지한 느낌이 딱 제가 원하는 실이었죠. 실을 결정하고 모티브를 뜨는데, 크기가 크기인지라 모티브는 쉬운 패턴으로 골랐고, 실도 두 가닥을 합쳐 두껍게 만들어 금방 뜰 수 있도록 했어요. 그리고 시간이 날 때마다 모티브를 하나하나 떠서 나중에 한꺼번에 모티브를 연결했어요.

완성하고 보니 매트리스 커버로도 좋고, 여름에는 홑이불 대용으로, 겨울에는 두꺼운 이불 위에 스커트처럼 덮어 침실 꾸미기에 그만이더라고요. 특히 테두리는 생각했던 것보다 더 멋지게 나와서 만족스러웠어요. 저 테두리를 안 떴으면 느낌이 안 살았을 거예요.

사이즈가 커서 분명 도전하기가 쉽진 않을 거예요. 그래도 완성만 한다면 침실의 분위기를 확 변신시켜줄 빈티지베드스프레드. 일단 한번 도전 해봐요!

Interior Set

원하는 색상의 엑센트1 60볼,
코바늘 7호

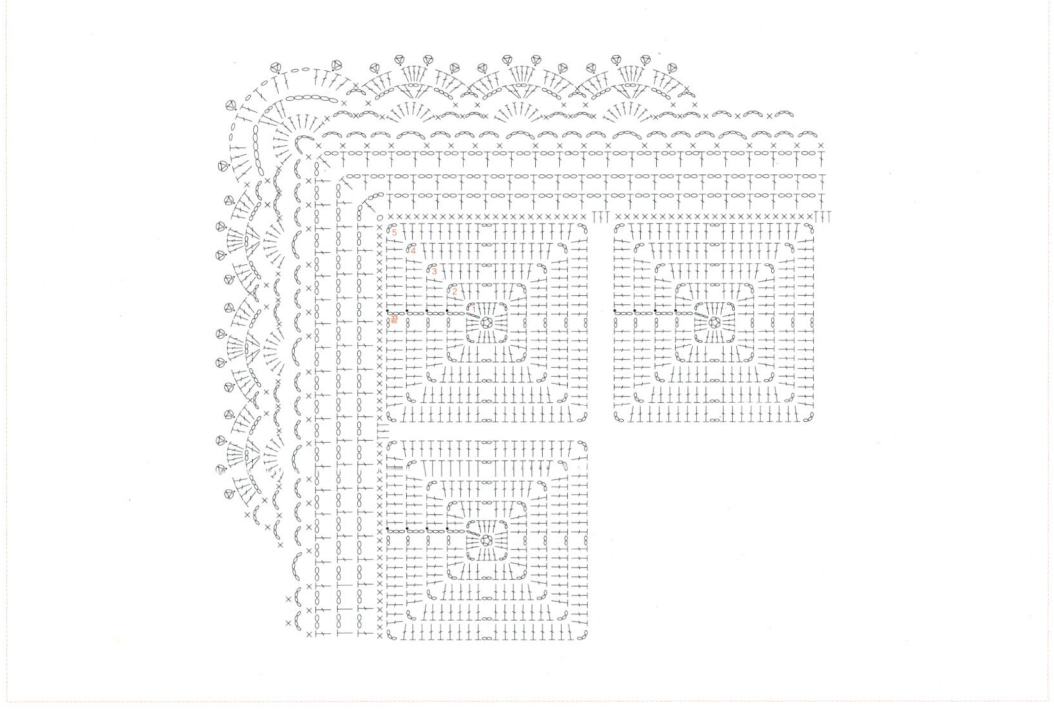

도안 279쪽

Interior Talks

▶ 베드스프레드 모티브 뜨기

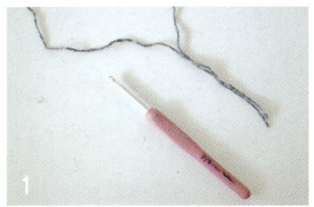

1. 실 2가닥을 하나로 합치고, 코바늘7호를 준비한다.
2. 기본코를 만든다.
3. 사슬 5개로 원형코를 만든다.

4. 사슬 3개로 한길긴뜨기 기둥코를 올린다.

5. 원형코 안에 한길긴뜨기 3개를 더 뜨고, 사슬 3개를 뜬다.

6. 한길긴뜨기 4개, 사슬 3개를 반복한다.

7. 4번 반복해서 1단을 완성한다.

8. 사슬 3개(한길긴뜨기 기둥코)를 올리고, 사슬 2개를 더 뜬다.

9. 1단의 한길긴뜨기 위에 한길긴뜨기를 1개 뜨고, 코너에서 한길긴뜨기 2개, 사슬 3개, 한길긴뜨기 2개를 뜬다.

10. 1단의 한길긴뜨기에 한길긴뜨기를 1개 뜨고 사슬 2개, 한길긴뜨기 1개를 뜬다. 코너에 한길긴뜨기 2개, 사슬 3개, 한길긴뜨기 2개를 뜬다. 반복하면 2단이 완성된다.

11. 3단은 전단의 사슬 2개 부분을 사슬로, 한길긴뜨기 위로는 한길긴뜨기, 코너에는 한길긴뜨기 2개, 사슬 3개, 한길긴뜨기 2개를 뜨면 완성이다.

12. 동일한 방법으로 4단과 5단을 완성한다. 총 88개의 모티브를 뜬다.

▶ 베드스프레드 모티브 잇기

13. 겉끼리 마주보게 덮은 다음 뒤에서 잇는다.
14. 모티브를 이을 실로 기본코를 만든다.
15. 양쪽 모티브의 한길긴뜨기 머리 중에서 바깥쪽 사슬을 코바늘에 건다.

16. 걸은 부분에서 짧은뜨기로 연결한다.
17. 다음 모티브를 연결할 땐 사슬 3개를 더 뜬다.
18. 같은 방법으로 가로로 모티브를 쭉 연결한다.

19. 가로로 모티브를 모두 연결한다.
20. 세로도 모티브를 겉끼리 마주보게 덮는다.
21. 같은 방법으로 세로도 연결한다.

앞면　　　　　　　　　　　　　　　　　뒷면

22. 가로와 세로를 모두 연결한다.

▶ 베드스프레드 테두리 뜨기

23. 테두리는 도안을 보고 뜬다.

평범한 스툴에 뜨개커버만 씌워도 매력만점!
달의 여신 스툴커버 뜨기 by. 수선화

보조의자나 화분 받침대, 혹은 침대 옆에 두고 보조조명을 올려 사용하는 스툴을 모두 하나씩은 가지고 있으시죠? 어디에나 있는 평범한 스툴을 매력만점의 소품으로 변신시키기 위해 스툴뜨개커버를 만들어 봤어요. 가운데에 꽃이 있어 화사한 분위기도 나면서 또 살짝 섹시해 보이는 스툴커버를 달의 여신이라고 이름 지었어요. 달의 여신이 침실 분위기를 새롭게 바꿔줄 거예요.

지금까지 떴던 뜨개에 비하면 크기가 작아서 반나절 만에 뚝딱 완성할 수 있는데, 들인 시간에 비하면 만족도는 엄청 커요. 이번에는 동영상을 따로 준비하지 않고, 도안과 과정사진만 실었어요. 앞부분의 뜨개기호를 확실하게 익힌 후, 도안을 보면서 스툴커버를 완성하면 나중에 그 어떤 도안을 봐도 혼자서 뜰 수 있을 거예요. 사용하고 남은 자투리 실을 이용해서 만들었기 때문에 경제적인 것은 물론 완성품도 만족스러우니 일석이조죠. 그럼 지금부터 시작해볼까요.

🪣 *Interior Set*
다양한 색상의 아이돌면사 자투리 실, 코바늘 5호, 상판 40cm의 스툴

도안 280쪽

🖌 *Interior Talks*

1. 고리를 만든다.
2. 사슬 8개를 뜨고 첫 사슬에서 빼뜨기해 링을 만든다.
3. 원에 짧은뜨기 16개를 떠서 1단을 완성한다.

4. 다음 색실로 고리를 만들어 준비한다.
5. 한길긴뜨기의 기둥코가 될 사슬 3개를 올리고 같은자리에 한길긴뜨기를 뜬다.
6. 1단의 짧은뜨기 머리에 두 개의 한길긴뜨기를 떠서 2단을 완성한다. (한길긴뜨기 2코 늘리기)

7. 다음 색실로 고리를 만들어 준비한다.

8. 한길긴뜨기2코늘리기 사이에 한길긴뜨기의 기둥코가 될 사슬 3개를 올리고 한길긴뜨기 1개, 사슬 2개를 뜬다.

9. 같은 방법으로 한길긴뜨기2코늘리기 사이에 한길긴뜨기 2개, 사슬 2개를 떠서 3단을 완성한다.

10. 다음 색실로 고리를 만들어 준비한다.

11. 3단의 사슬 2개자리에 한길긴뜨기의 기둥코가 될 사슬 3개를 올리고, 한길긴뜨기 2개를 뜬다.

12. 3단의 사슬 2개자리마다 한길긴뜨기를 3개씩 떠서 4단을 완성한다.

13. 다음 색실로 고리를 만들어 준비한다.

14. 한길긴뜨기 3개와 그 옆의 한길긴뜨기 3개 사이에 고리를 걸어 짧은뜨기를 하고, 사슬 5개를 뜬 다음 또 다른 한길긴뜨기 3개와 한길긴뜨기 3개 사이에 짧은뜨기를 한다.

15. 모두 반복해서 마무리하면 5단이 완성이다.

16. 사슬 5개 부분에 짧은뜨기 1개, 긴뜨기 1개, 한길긴뜨기 5개, 긴뜨기 1개, 짧은뜨기 1개를 뜬다.

17. 동일한 방법을 반복하여 16개의 꽃잎모양을 만들면 6단이 완성이다.

18. 다음 색실로 고리를 만들어 준비한다.

19. 분홍색 꽃잎의 한길긴뜨기 5개 중에서 가장 가운데 있는 한길긴뜨기 머리에 코바늘로 고리를 잡아내 사슬 1개, 짧은뜨기 1개를 뜬다. 그리고 사슬 7개를 뜨고 다음 꽃잎 한가운데 짧은뜨기 1개를 뜬다.

20. 같은 방법으로 반복하면 7단이 완성이다.

21. 7단의 사슬 위에 짧은뜨기 9개를 뜬다.

22. 같은 방법을 반복하면 8단이 완성이다.

23. 다음 색실로 고리를 만들어 준비한다.

24. 8단 짧은뜨기 9개 중에서 한가운데 있는 5번째 짧은뜨기 머리에 고리를 걸어 사슬 1개, 짧은뜨기 1개를 뜬다. 그리고 사슬 9개를 뜨고, 다음 5번째 짧은뜨기 머리에 짧은뜨기 1개를 뜬다.

25. 같은 방법으로 반복하면 9단이 완성이다.

26. 빼뜨기로 사슬 9개자리에 시작점을 옮기고, 짧은뜨기 1개, 긴뜨기 1개, 한길긴뜨기 2개, 두길긴뜨기 3개, 사슬 3개, 두길긴뜨기 3개, 한길긴뜨기 2개, 긴뜨기 1개, 짧은뜨기 1개를 뜬다.

27. 같은 방법으로 반복하면 10단이 완성이다. 스툴상판보다 1~2cm 작은 크기가 좋다.

28. 스툴상판의 옆면을 덮을 부분을 뜰 것이다. 다음 색실로 고리를 만들어 준비한다.

29. 10단의 사슬 3개 부분에 고리를 걸어 사슬 1개, 짧은뜨기 1개를 뜬다. 사슬 10개를 뜨고, 다음 10단의 사슬 3개 부분에 짧은뜨기 1개를 뜬다.

30. 같은 방법으로 반복하면 11단이 완성이다.

31. 한길긴뜨기의 기둥코가 될 사슬 3개를 올리고, 11단의 사슬 1개에 한길긴뜨기를 1개씩, 짧은뜨기에도 한길긴뜨기를 뜬다. 같은 방법으로 반복하면 12단이 완성이다.

32. 13단은 12단과 같은 방법으로 12단의 한길긴뜨기 위에 한길긴뜨기를 하나씩 뜬다. 같은 방법으로 반복하면 13단이 완성이다.

커버를 뒤집었을 때 모습   커버를 위에서 봤을 때 모습

33. 14단은 뜨개커버가 스툴에 짱짱하게 덮일 수 있게 원둘레를 줄여야한다. 한길긴뜨기의 기둥코가 될 사슬 3개를 올리고, 한길긴뜨기2코모아뜨기를 한다. 그럼 3개의 한길긴뜨기는 2개로 줄여진다.

34. 그 다음 한길긴뜨기 1개, 한길긴뜨기 2코 모아뜨기 1개를 반복하여 14단을 완성하면 안으로 오므라드는 모양으로 커버가 완성된다.

35. 스툴을 준비하고 커버를 씌운다.
36. 커버 씌우기 전과 후이다.

37. 같은 도안을 다른 색으로 뜨면 전혀 다른 느낌이 드는 스툴이 된다.

봄에는 수선화!!
수선화블랭킷 뜨기 by. 수선화

뜨개를 하는 사람들이 꼭 하나쯤 만들고 싶은 게 있다면 뜨개 블랭킷이 아닐까 해요. 봄이 오는 것을 시기하는 겨울의 끝자락이 심술을 부릴 때, 가만히 덮고 있으면 봄이 온 듯 따뜻해지는 블랭킷. 꼭 덮지 않고 그냥 무심히 툭하고 던져놓아도, 그냥 접어서 한쪽에 두어도 그렇게 예쁠 수가 없어요. 저도 수많은 블랭킷을 떴지만 이번에는 저를 꼭 닮은 수선화를 침실에 넣고 싶었어요. 따뜻함은 물론 침실에 화사함까지 더하는 수선화 블랭킷을 덮고 있으니, 실제 수선화가 활짝 핀 봄의 꽃밭에 앉아 있는 듯한 느낌이 들 정도랍니다.

노란 수선화 25송이, 하얀 수선화 48송이를 하나하나 연결해 수선화 블랭킷을 완성했어요. 입체꽃이라서 다른 모티브 뜨기에 비해 살짝 난이도가 있지만 걱정하지 마세요. 자세한 사진과 동영상을 보면 누구나 도전할 수 있어요. 수선화를 뜰 수 있다면 다른 입체꽃도 무난히 뜰 수 있으니 도안과 사진, 동영상을 보며 예쁜 수선화를 침실에 들여놓으세요.

🎨 *Interior Set*

아이돌 꿀벌노랑 3볼, 크림 4볼, 연두 4볼, 숲속초록 2볼, 베이지 8볼, 인디민트 1볼, 코바늘 5호

 양은 손의 힘에 따라 조금씩 달라질 수 있으니 1볼 정도는 넉넉히 준비하세요.

260

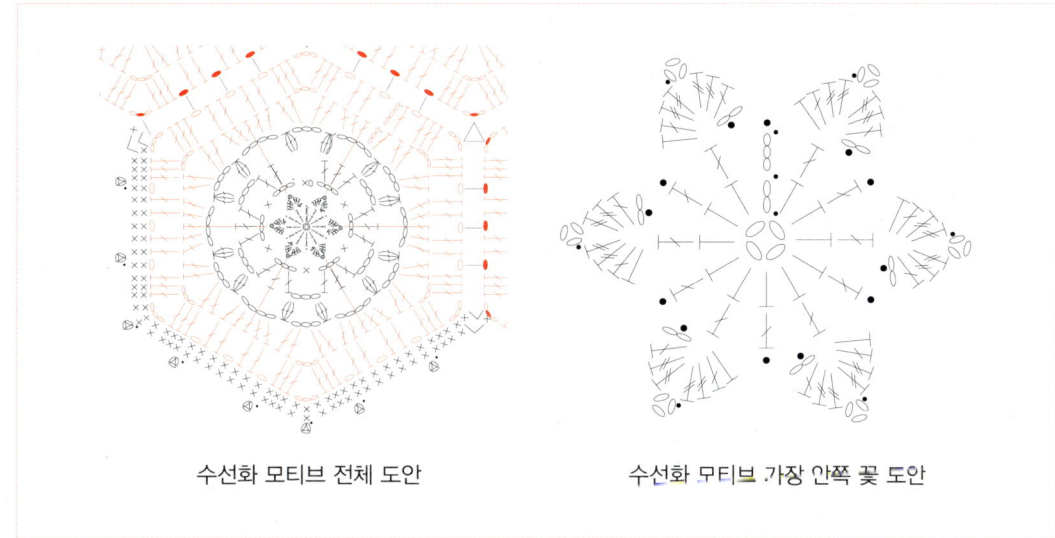

수선화 모티브 전체 도안   수선화 모티브 가장 안쪽 꽃 도안

도안 281, 282쪽

🖌 *Interior Talks*

▶ 수선화 수술 뜨기

 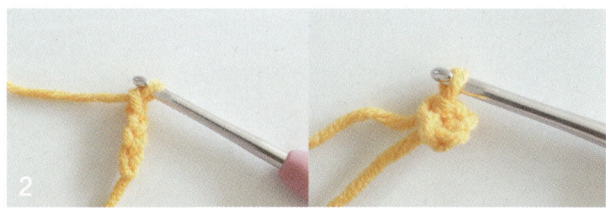

1. 실 끝에 고리를 만든다.
2. 사슬 4개를 뜨고 처음 고리에 코바늘을 끼워 빼뜨기 해 원형코를 만든다.

3. 사슬 2개로 기둥코를 만든다.
4. 긴뜨기 11개를 떠서 원안을 메운다. 기둥코를 포함해서 총 12개다.
5. 사슬 3개로 기둥코를 만든다.

  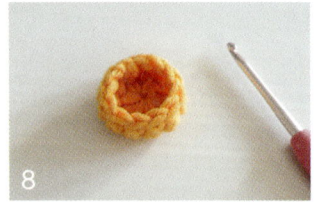

6. 1단의 긴뜨기 머리에 하나씩 걸어가며 긴뜨기 하나에 한길긴뜨기를 하나씩 뜬다. 기둥코를 포함해서 총 12 개다.

7. 2단의 첫 기둥코에 빼뜨기 하고, 사슬을 한번 떠서 마무리한다.

8. 남은 실은 바깥쪽으로 숨겨 꽃 수술을 뒤집는다.

▶ 수선화 6개의 꽃잎 뜨기

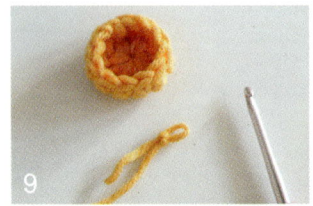  

9. 실 끝에 고리를 만들어 수선화 수술과 함께 준비한다.

10. 꽃 수술의 바닥이 위로 보이게 놓고, 꽃 수술 1단의 긴뜨기 머리 부분에 바늘을 넣어 고리를 뺀다.

 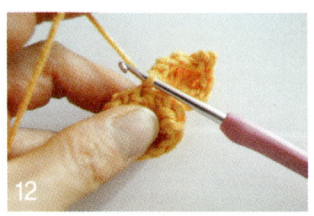 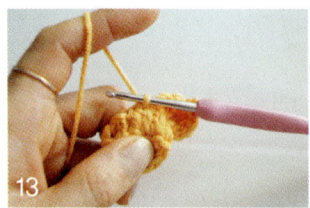

11. 고리 하나에 사슬 2개, 한길긴뜨기 1개, 두길긴뜨기 2개, 피코뜨기, 두길긴뜨기 2개, 한길긴뜨기 1개, 긴뜨 기 1개를 순서대로 뜬다.

12. 그 다음 고리에 빼뜨기 한다.

13. 또 그 다음 고리에 빼뜨기 한다. 그 자리에 같은 방법으로 사슬 2개, 한길긴뜨기 1개, 두길긴뜨기 2개, 피 코뜨기, 두길긴뜨기 2개, 한길긴뜨기 1개, 긴뜨기 1개를 뜬다.

14. 다음 고리에 빼뜨기, 그 다음 고리에 빼뜨기, 사슬 2개, 한길긴뜨기 1개, 두길긴뜨기 2개, 피코뜨기, 두길 긴뜨기 2개, 한길긴뜨기 1개, 긴뜨기 1개를 뜬다. 총 6개를 뜬다.
15. 6개의 꽃잎이 달린 수선화가 완성이다.

▶ 수선화 꽃받침 뜨기

16. 꽃의 바닥이 보이게 뒤집어 두 꽃잎 사이에 초록색 실로 코를 만들어 걸어 사슬 1개와 짧은뜨기 1개를 뜬다.
17. 사슬 3개를 뜨고, 왼쪽으로 옮겨 꽃잎과 꽃잎 사이에 코바늘을 넣어 걸어 짧은뜨기 1개를 뜬다. 그럼 1개 의 고리가 완성이다.
18. 같은 방법으로 꽃잎 사이에 사슬 3개의 고리 6개를 만든다. 마지막은 사슬 3개를 뜨고 빼뜨기한다.

19. 꽃잎을 앞으로 뒤집어서 고리 하나에 빼뜨기해 자리를 옮긴다.
20. 고리 하나에 사슬 3개로 기둥코를 만들고, 한길긴뜨기 2개와 사슬 3개를 뜬다.
21. 고리 하나에 한길긴뜨기 3개, 사슬 3개를 뜬다. 6개의 고리를 한길긴뜨기 3개로 채우고, 마지막에 사슬 3 개대신 한길긴뜨기 1개로 마무리한다.

22. 수선화 꽃받침이 완성이다.

▶ 수선화 이파리 뜨기

23. 꽃받침의 사슬 3개 대신 한길긴뜨기 한 부분에 고리를 만들어 걸어 사슬 2개를 뜨고, 한길긴뜨기2코구슬
뜨기를 한다.

24. 사슬 3개를 뜨고 같은자리에 한길긴뜨기3코구슬뜨기를 한다.

25. 사슬 4개를 뜨고, 다음 자리(꽃받침의 사슬 3개자리)에 한길긴뜨기3코구슬뜨기, 사슬 3개, 한길긴뜨기3
코구슬뜨기, 사슬 4개를 반복한다.

26. 처음자리에서 빼뜨기 하면 이파리가 완성이다.

▶ 수선화모티브 바탕 1단 뜨기

27. 이파리 뜨기의 사슬 4개자리에 베이지색 실로 고리를 만들어 걸어 기둥코(사슬 3개)를 뜬다.
28. 노란색 꽃잎의 피코뜨기 부분에 실을 걸어서 한길긴뜨기를 한다.
29. 초록색 사슬 4개자리에 한길긴뜨기 2개를 더 뜬다.

30. 초록색의 한길긴뜨기3코구슬뜨기사이에 한길긴뜨기 2개, 사슬 3개, 한길긴뜨기 2개를 뜬다.
31. 바로 옆 초록색 사슬 4개자리에 한길긴뜨기 2개, 노란꽃잎에 걸어 한길긴뜨기 1개, 한길긴뜨기 2개를 반복한다.

▶ 수선화 바탕 2단 뜨기

32. 사슬 3개로 기둥코를 뜨고, 사슬 1개를 더 뜬다.
33. 노란 꽃에 연결한 한길긴뜨기는 비우고, 다음 한길긴뜨기 2개, 사슬 1개, 사슬 3개자리에 한길긴뜨기 3개, 사슬 3개를 뜬다.
34. 한길긴뜨기 3개, 사슬 1개, 한길긴뜨기 2개, 사슬 1개, 한길긴뜨기 2개, 사슬 1개, 한길긴뜨기 3개, 사슬 3개를 반복한다.

35. 같은 방법으로 6변을 모두 떠 바탕을 완성한다.

 ▶ 수선화 모티브 가장자리 꾸미기

가장자리는 각각의 모티브마다 꾸며도 되고, 전부 연결한 다음 꾸며도 되요. 여기에서는 설명을 하기 위해 모티브 하나의 가장자리를 떴는데, 완성 블랭킷은 모티브를 모두 연결한 다음 큰 테두리를 떠서 꾸몄어요.

36. 인디민트색 실로 고리를 만들어 걸어 사슬 1개와 짧은뜨기로 시작한다. 모서리 사슬 3개 자리에도 짧은 뜨기를 뜬다.

37. 한 바퀴를 쭉 돌려 마무리하면 1단이 완성이다.

38. 사슬 1개, 짧은뜨기 1개를 뜨고, 모든 면에 짧은뜨기로 2단을 뜨는데, 짧은뜨기 6개 마다 피코뜨기를 한다.

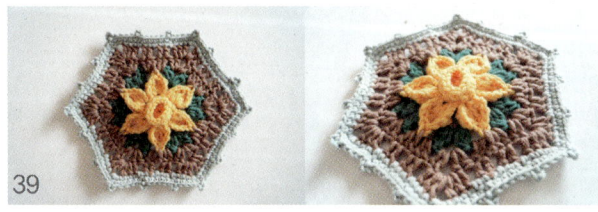

39. 한 변에 양쪽으로 피코뜨기하고, 중간에 2군데씩 피코뜨기하여 모티브를 완성한다.

▶ 모티브 연결하고, 가장자리 마무리하기

40. 흰색 꽃 모티브 1개를 중심으로 6개의 노란색 꽃 모티브를 먼저 연결하면서 바탕의 2단을 뜬다.

 연결하는 방법은 동영상을 참고하세요.

41. 같은 방법으로 총 4개를 먼저 만든다.
42. 흰색 꽃 모티브를 사이사이에 넣어 연결하면서 바탕을 떠서 안을 메운다.

43. 가장자리를 흰색 꽃 모티브로 두른다.
44. 가장자리를 인디민트로 뜨면 수선화블랭킷이 완성이다.

흔한 각티슈도 좀 더 특별하게,
각티슈커버 뜨기 by. 수선화

  톡톡 간편하게 뽑아 쓰는 각티슈. 이런 각티슈를 사용하지 않는 집은 없죠. 저희 집만 해도 어린아이들이 있어 방마다 놓고 사용 중인데, 이번에는 볼품없이 놓여있는 각티슈에게 뜨개옷을 입혀주려고 해요.

  그동안 뜨고 남은 자투리 실을 이용했는데, 완성하고 나니 평범했던 생활소품 하나가 근사한 인테리어 소품으로 변신했어요. 뜨는 방법도 어렵지 않아요. 앞서 쿠션커버에서 사용했던 그래니스 퀘어 모티브를 2단까지만 떠서 빙 돌려 연결을 한 후, 위아래로 무늬만 조금 넣어요. 그리고 위에 덮개를 떠서 그 두개를 이어주면 끝! 아주 간단하죠?

  간단한 소품활용으로도 좋은 각티슈커버. 봄에는 알록달록한 커버로, 여름에는 시원한 화이트& 블루 커버로, 겨울에는 따뜻한 느낌의 커버로 다양하게 표현해 보는 건 어떨까요?

 Interior Set
원하는 색의 아이돌 실, 코바늘 5호, 6호

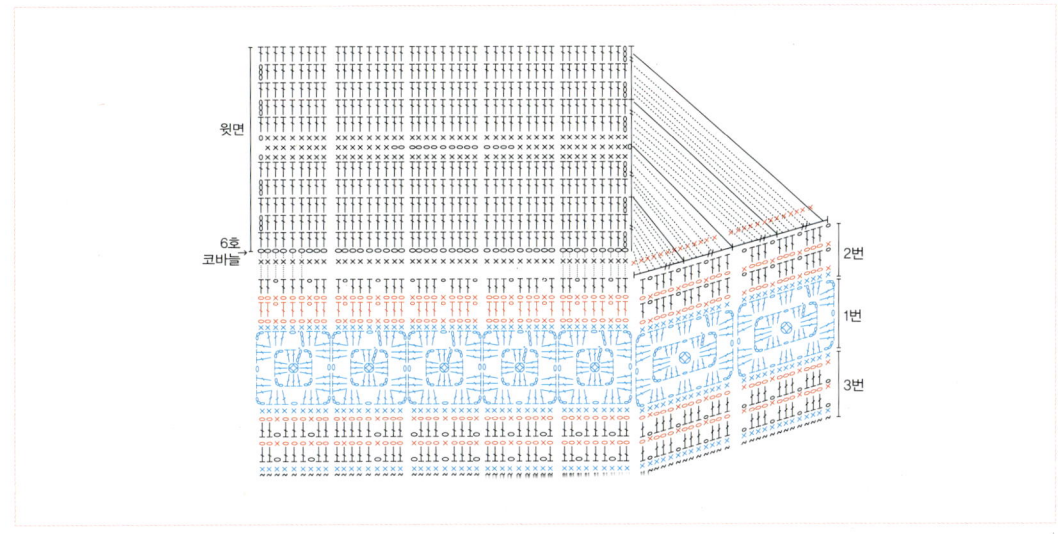

Interior Sketch

도안 283쪽

Interior Talks

1

1. 도안 1번은 그래니스퀘어 모티브를 2단까지 떠서 만든다. 앞과 뒤는 각각 정사각형으로 2단 5장씩, 좌우는 각각 직사각형으로 2단 2장씩 이어가면서 뜬다.

2 3

2. 도안 2번의 1단은 짧은뜨기로 쭉 돌려가면서 뜨고, 2단은 짧은뜨기 1개, 사슬 3개를 반복해서 뜬다. 3단은 2단의 사슬 3개에 한길긴뜨기 3개, 2단의 짧은뜨기에 사슬로 한길긴뜨기 3개, 사슬 1개를 반복한다. 4단은 2단처럼, 5단은 3단처럼 뜬다. 도안 3번도 2번처럼 뜨되, 가장 마지막 단은 되돌아짧은뜨기로 마무리한다.
3. 윗면은 코바늘 6호를 사용하여 사슬 45개를 뜨고, 한길긴뜨기 기둥코인 사슬 3개를 더 뜬다. 그리고 한길긴뜨기로 5단을 올린다. 짧은뜨기로 3단을 뜰 때, 2번째단 중간쯤에 사슬 15개를 떠서 티슈구멍을 만들고 그 위로 한길긴뜨기 5단을 뜬다.

4. 몸체와 윗면을 짧은뜨기로 연결한다. 앞면과 뒷면은 하나하나 잇고, 옆면은 윗면의 세로와 잘 맞춰서 짧은뜨기로 이으면 된다.

5. 다 이은 뜨개커버를 각티슈에 씌우면 완성이다.

침실 조명을 좀 더 분위기 있게,
전등갓 커버 뜨기 by. 수선화

침실은 아무래도 잠을 자는 방이다보니 형광등 같은 직접등보다는 은은한 불빛이 감도는 간접등을 더 자주 사용하게 돼요. 그래서 침실에 그냥 평범한 스탠드조명을 하나 두었는데, 전등갓의 모양과 색이 정말 밋밋하더라고요.

마침 별빛커튼을 뜨고 남은 램스울실이 눈에 띄었어요. 전등갓을 분리시켜 그 크기에 맞게 그냥 손에 집히는 데로 실을 잡아 한코 한코 떠내려갔죠. 뜨는 방법도 어렵지 않게 한길긴뜨기와 사슬을 사용하여 반복패턴으로 떴어요. 뜨다가 전등갓에 씌워 사이즈 맞춰보고, 또 뜨다가 사이즈를 맞춰보고, 몇 번을 반복했더니 전등갓커버가 완성이네요.

밋밋했던 스탠드조명이 뜨개전등갓커버 하나로 이렇게 눈에 띄다니. 혹시 집에 있는 전등이 오래되어 지겹다면 뜨개커버로 상큼한 느낌을 더해보는 건 어때요?

🏺 *Interior Set*

별빛커튼 뜨고 남은 램스울, 코바늘 5호

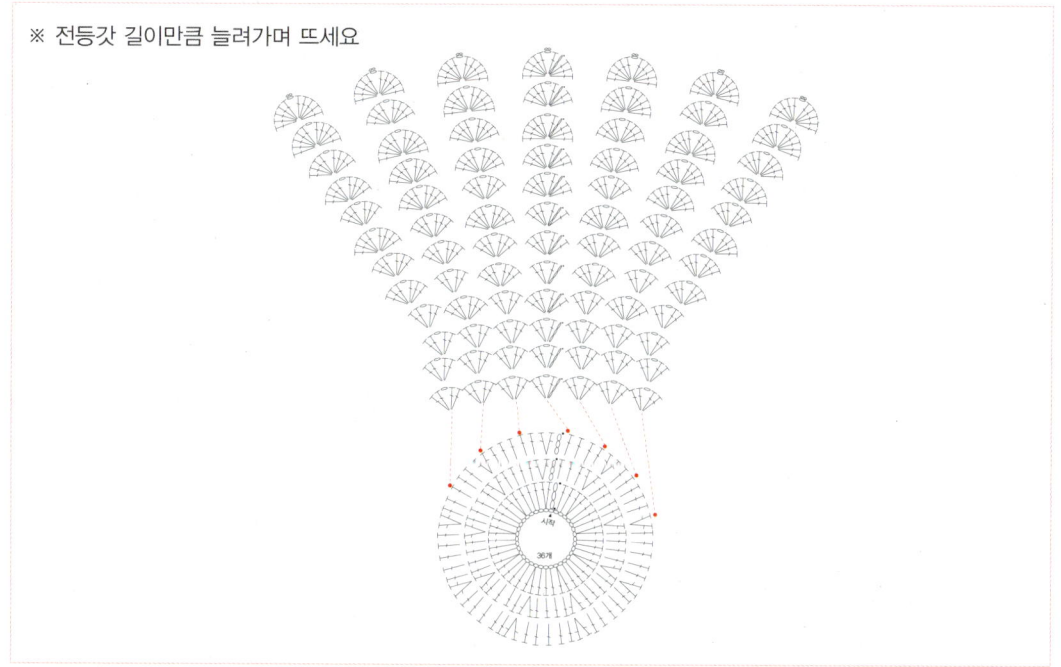

Interior Sketch

※ 전등갓 길이만큼 늘려가며 뜨세요

도안 284쪽

Interior Talks

1. 사슬 36개를 뜨고 처음 사슬에 빼뜨기해서 원형코를 크게 만든다.
2. 기둥코 3개를 올리고 한길긴뜨기2코늘리기 1개, 한길긴뜨기 3개를 반복해서 뜬다.
3. 다음 단은 기둥코 3개를 올리고 한길긴뜨기2코늘리기 1개, 한길긴뜨기 4개를 반복해서 뜬다.
4. 그 다음 단은 기둥코 3개를 올리고 한길긴뜨기2코늘리기 1개, 한길긴뜨기 5개를 반복해서 뜬다.
5. 가운데가 비어있는 원형모양이 완성되면, 실색을 바꿔 한길긴뜨기 머리 하나에 한길긴뜨기 2개, 사슬 1개,
   한길긴뜨기 2개로 패턴을 넣는다.
6. 한길긴뜨기 3개를 건너뛰고, 다음 한길긴뜨기에 5번과 같은 패턴을 반복한다.
7. 윗단으로 올라가면서 점점 한길긴뜨기 횟수를 늘려 크기도 늘인다. 전등갓에 씌워보면서 크기를 맞춰 뜬다.
8. 마지막 단은 패턴 안의 사슬 대신 피코뜨기를 하면 좀 더 예쁘게 마무리할 수 있다.

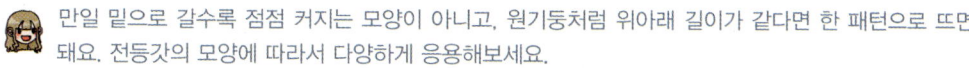
만일 밑으로 갈수록 점점 커지는 모양이 아니고, 원기둥처럼 위아래 길이가 같다면 한 패턴으로 뜨면
돼요. 전등갓의 모양에 따라서 다양하게 응용해보세요.

Bonus 도안

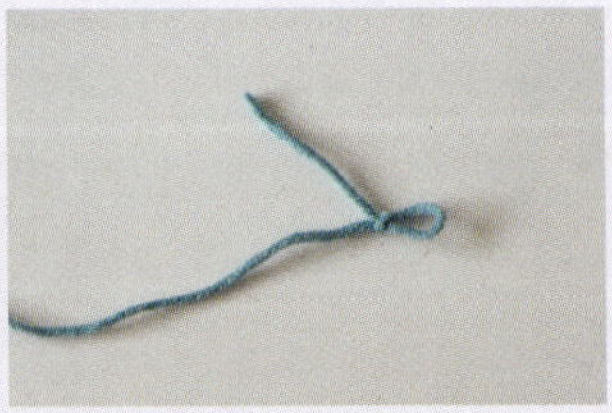

1. 기본코 만들기    2. 사슬뜨기    3. 원형코 만들기

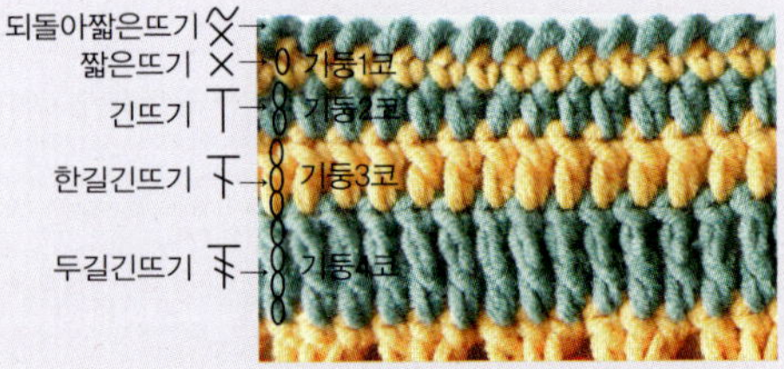

되돌아짧은뜨기
짧은뜨기
긴뜨기
한길긴뜨기
두길긴뜨기

기둥1코
기둥2코
기둥3코
기둥4코

4. 되돌아짧은뜨기, 짧은뜨기,
   긴뜨기, 한길긴뜨기,
   두길긴뜨기

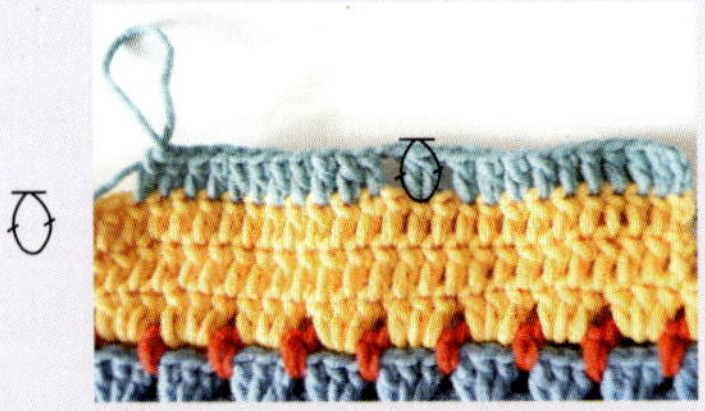

5. 한길긴뜨기2코구슬뜨기

6. 한길긴뜨기3코구슬뜨기

7. 한길긴뜨기2코모아뜨기

8. 한길긴뜨기2코늘리기

9. 빼뜨기

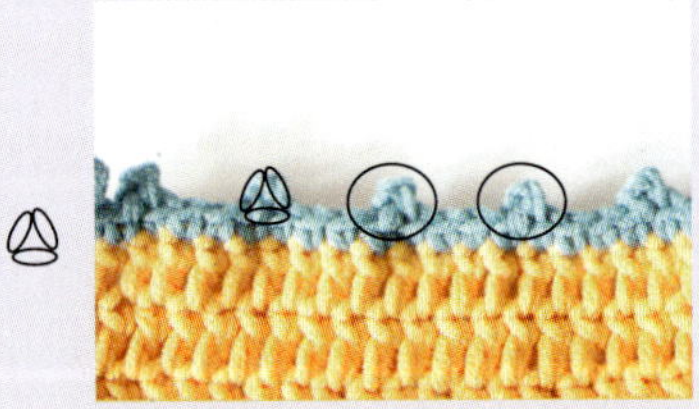

10. 피코뜨기

274

그래니스퀘어 쿠션커버 뜨기 도안

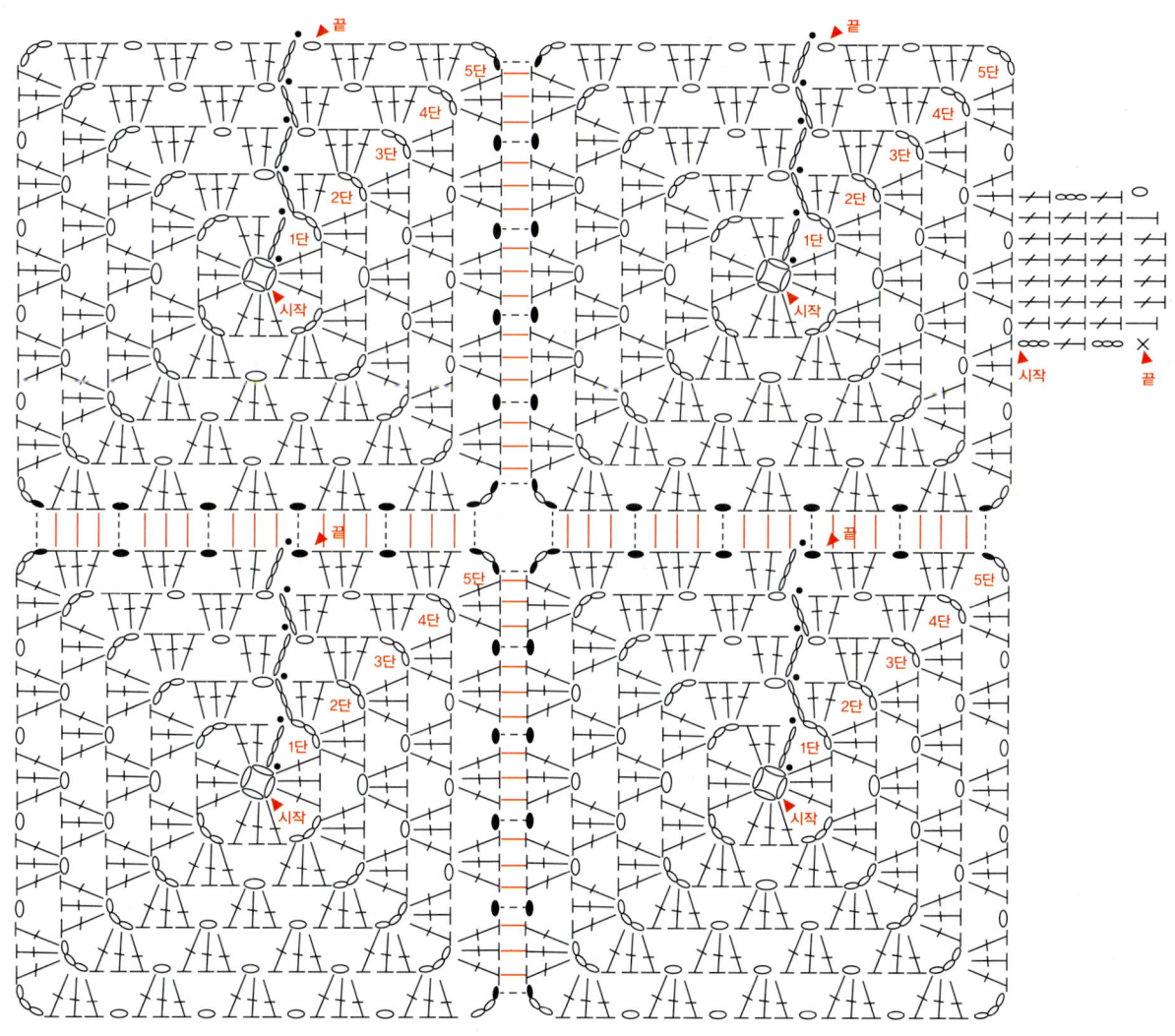

별빛조각커튼 뜨기 도안

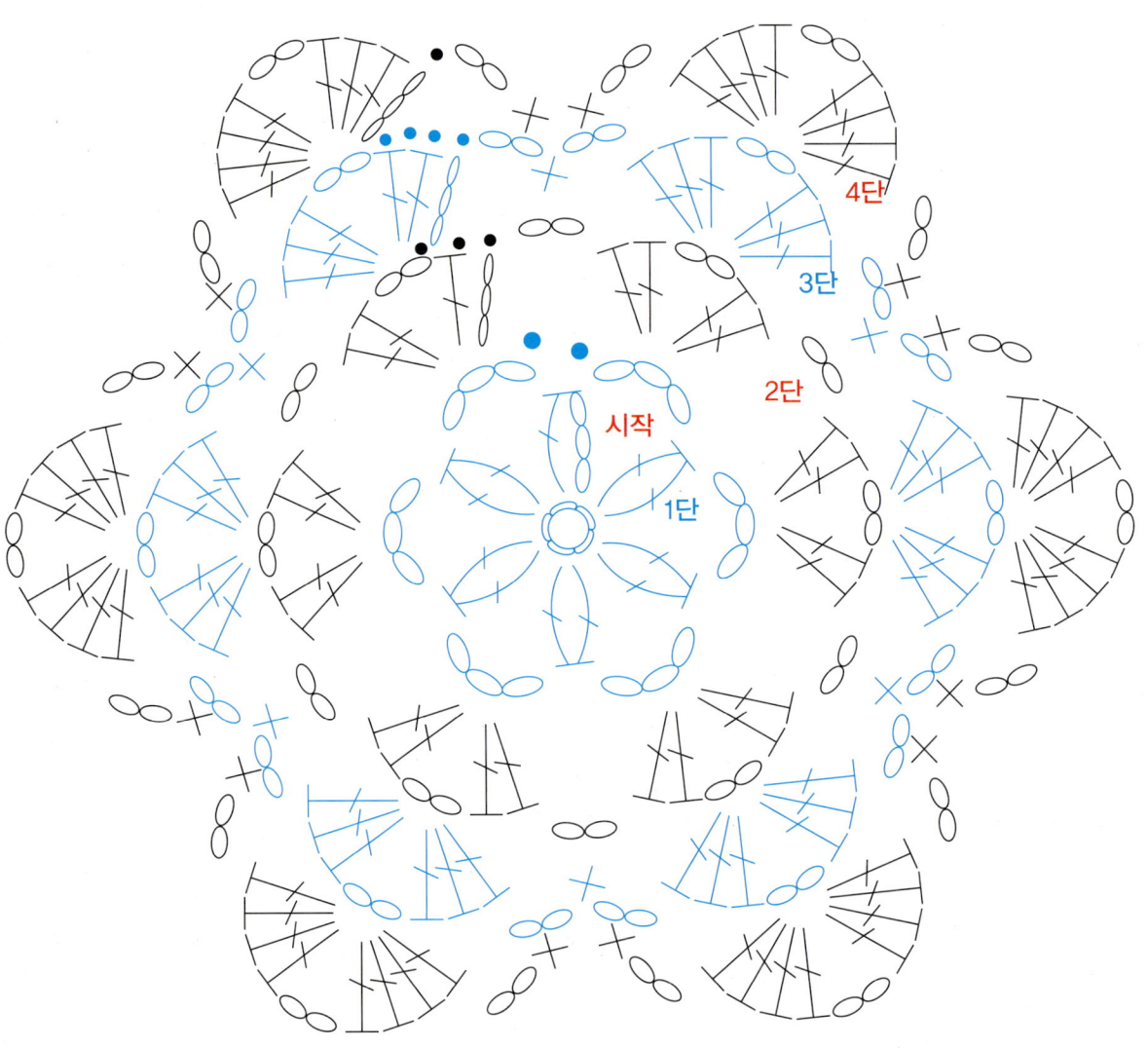

별빛조각커튼 뜨기 도안

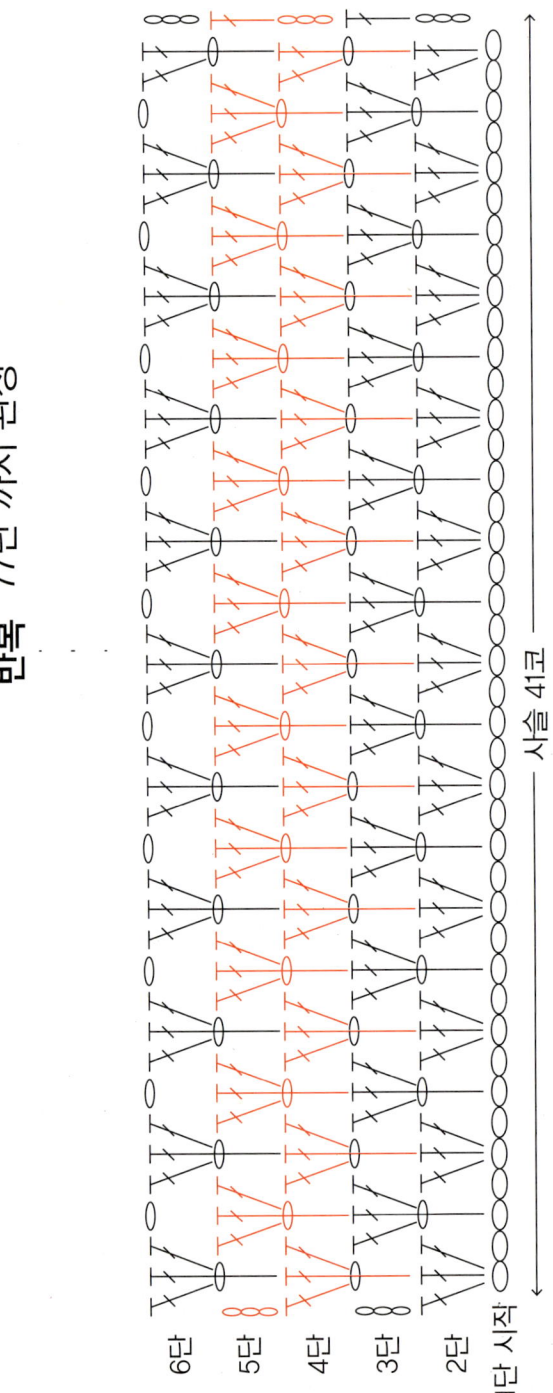

반복 77단 까지 완성

사슬 41코

6단
5단
4단
3단
2단
1단 시작

빈티지베드스프레드 뜨기 도안

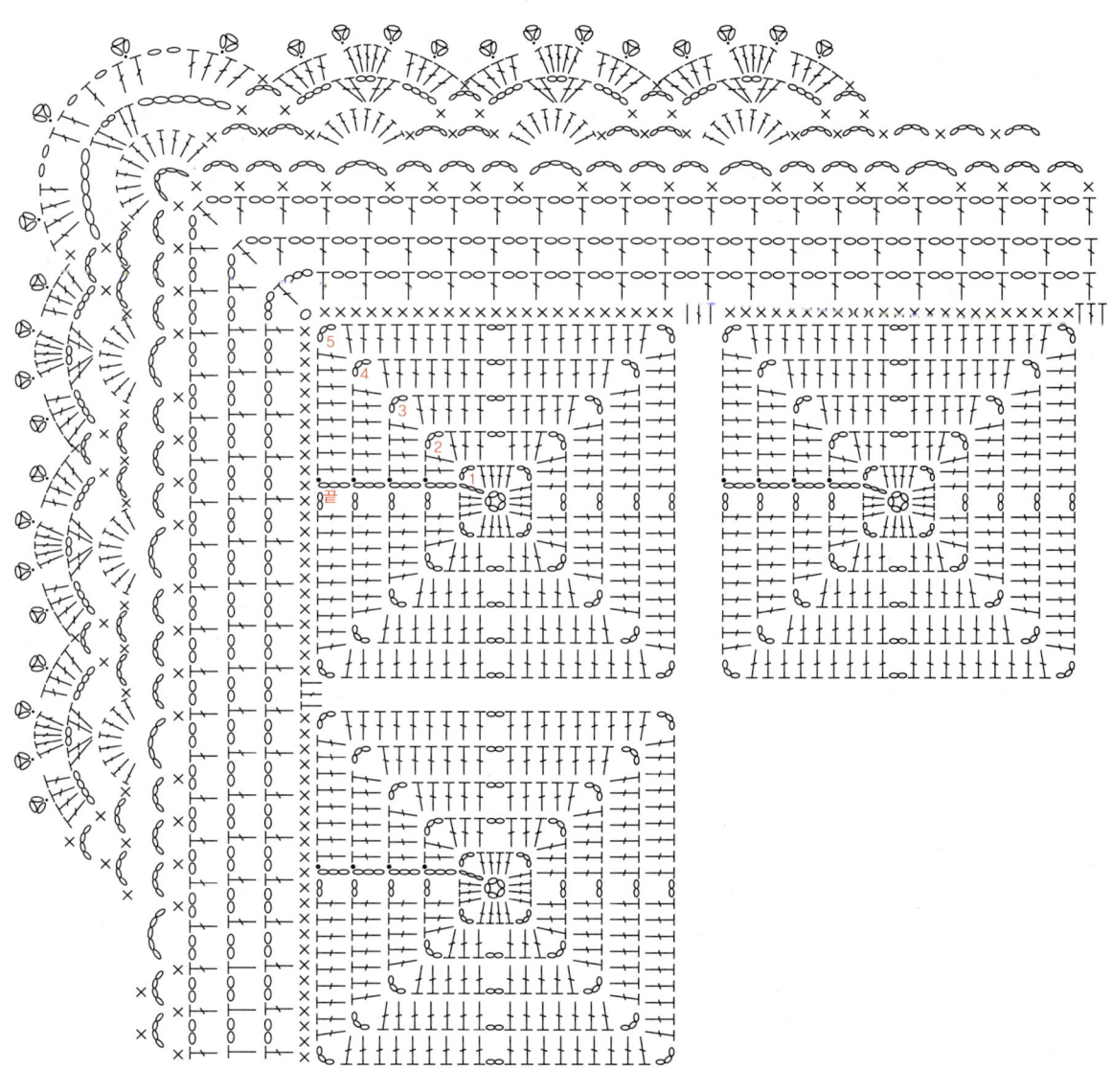

수선화블랭킷 뜨기 도안

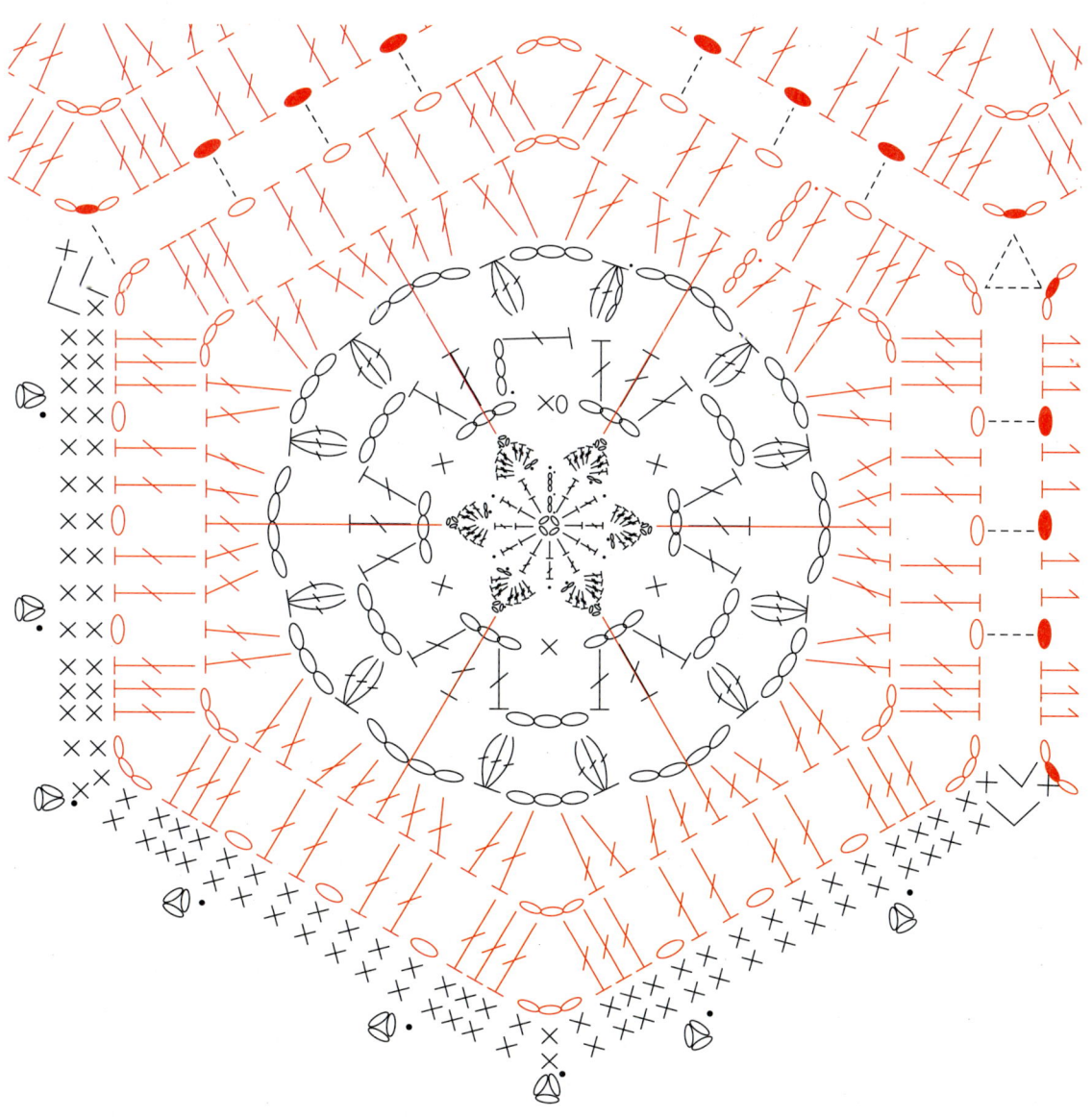

수선화블랭킷 뜨기 도안

※ 수선화꽃 뜨기는 꼭 동영상을 참고하시기 바랍니다

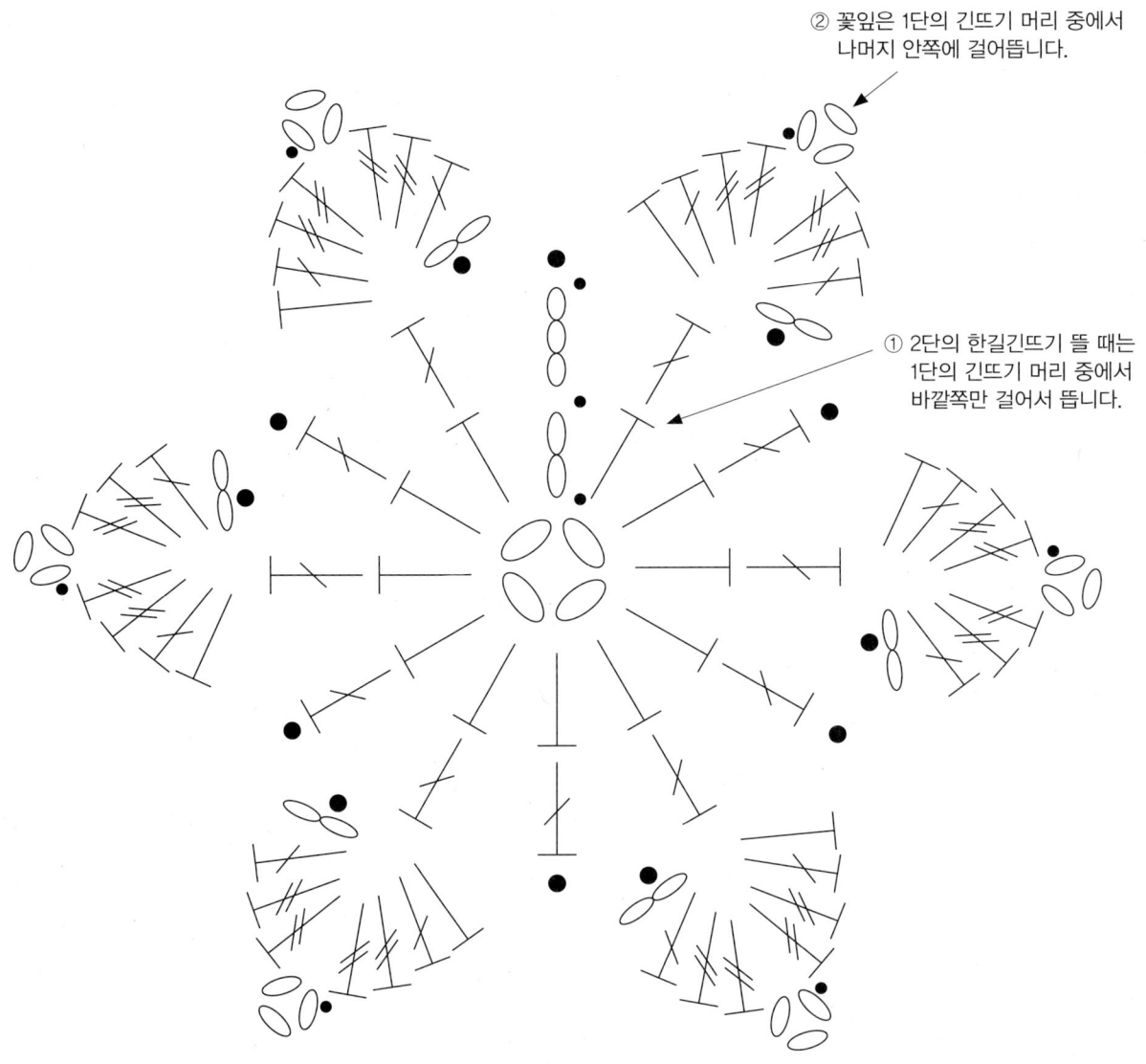

② 꽃잎은 1단의 긴뜨기 머리 중에서 나머지 안쪽에 걸어뜹니다.

① 2단의 한길긴뜨기 뜰 때는 1단의 긴뜨기 머리 중에서 바깥쪽만 걸어서 뜹니다.

각티슈커버 뜨기 도안

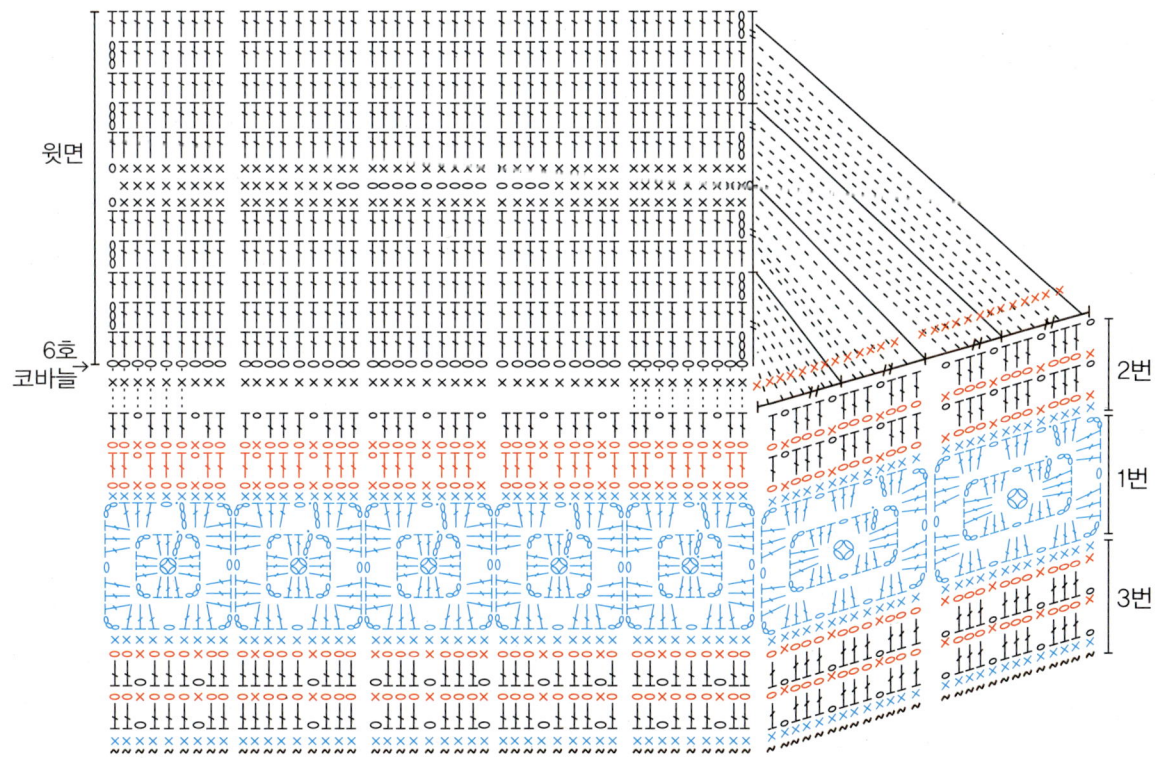

윗면

6호→
코바늘

2번

1번

3번

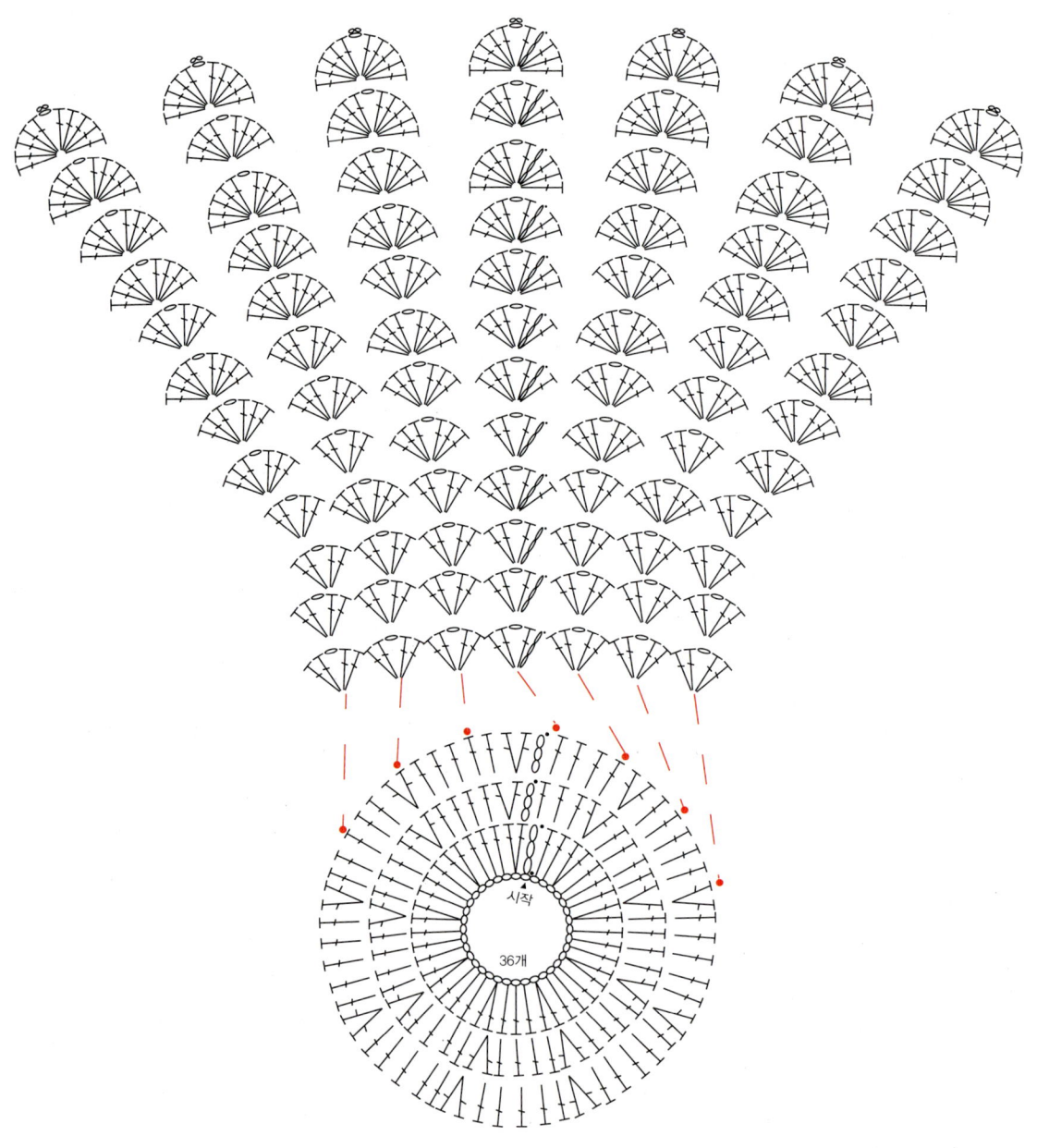

두 여자의 셀프 인테리어

발 행 일 2018년 02월 05일
초판2인쇄일 2018년 01월 15일
초판인쇄일 2017년 04월 18일

지 은 이 김정희, 윤순자
발 행 인 박영일
책 임 편 집 이해욱

편 집 진 행 박재인, 강현아
표지디자인 김미숙
본문디자인 김현진
일 러 스 트 문수빈

발 행 처 시대인
공 급 처 (주)시대고시기획
출 판 등 록 제 10-1521호

주 소 서울시 마포구 큰우물로 75(도화동 538) 성지 B/D 6F, 9F
전 화 1600-3600
팩 스 02-701-8823
홈 페 이 지 www.sidaegosi.com

I S B N 979-11-254-3424-5(13590)

정 가 16,000원

「느낌이 있는 좋은 풍경」
디자인 조명공간 「라디룸」

'라디룸'에서는 라디룸만의 제작 노하우와
조명과 공간에 대한 깊이 있는 고민을 통해 제작한
자체 제작 상품을 제공하고 있습니다.

www.ra-droom.com

라디룸 조명10% 할인쿠폰

쿠폰번호

6CW07JPRM6

www.ra-droom.com

* 할인쿠폰 사용시 유의사항
1. www.ra-droom.com 에서 쿠폰 등록 후 라디룸 조명 구입시 사용가능
2. 한 아이디당 1회 사용가능
3. 중복할인, 사은품 증정행사와 중복불가
5. 본 쿠폰은 일정 수량 소진 후 조기에 종료될 수 있습니다

당신의 취미를 찾아드립니다

매월 말, 당신의 일상을 반짝이게 하기 위한 **하비박스**가 정기배송 된다 !

취미를 즐기고 미션을 수행하라, 우리는 당신이 궁금하다 !

「상 자 에 담 긴 것」 그 이 상

www.HOYBOX.net

moongori

집 꾸밀땐? 문고리닷컴

셀프인테리어 파트너 **moongori.com**

ABOUT US 01.

셀프인테리어 **동종업계 1위**

문고리닷컴은 2016년 200억 매출을 달성하여 업계 최대를 달성하였다. 또한 2015년 안산 본점에 이어 현대 시티아울렛 동대문점, LF인천점, 현대 아울렛 가산점, 뉴코아 아울렛 부천점, 벨라시타 일산점, 롯데몰 은평점을 오픈하여 온라인 사업에 이어 오프라인에서도 "셀프인테리어" 산업의 독보적인 1위 기업임을 증명 하였다.

ABOUT US 02.

불황엔 **셀프인테리어!**

"셀프인테리어"의 새로운 LIFE STYLE은 집 꾸미는 것이 인테리어라는 큰 시공이 아닌 스스로 설계하고 만드는 작업으로 개인의 정성과 추억으로 만들고 좀 더 저렴한 비용으로 집을 꾸밀 수 있다는 장점이 있다. 이에 문고리닷컴은 새로운 LIFESTYLE을 바탕으로 기획 / 차별화된 최고의 상품과 고객만족 서비스를 제공하고 있다.

ABOUT US 03.

빠른 **스마트 배송 시스템**

2017년 물류센터 통합 이전과 함께 보이스피킹이라는 혁신적인 물류 시스템으로 보다 신속하고 안정적인 배송 서비스를 구축하여 "당일발송"률이 90%를 넘고 있다. 보다 빠르고 정확한 물류 배송 시스템으로 고객의 불만을 현저히 줄이고 있다.

COMPANY INSTRUCTION

고객의 행복한 리폼라이프스타일을 함께
만들어 나가도록 하겠습니다.
페인트인포는 셀프인테리어용품을 제조 및 유통하는
DIY전문기업입니다.

페인트인포는 목재, 친환경페인트, 철물 등 DIY인테리어에 관련된
전반적인 용품을 소비자분들께 가장 합리적인 가격에 공급할 수 있도록
항상 최선을 다하고 있습니다.

---

01 페인트
다양한 용도별 프리미엄
친환경 페인트

02 목재
당신의 가장 가까운 공방!
견적, 무료컷팅, 주문제작까지!!

03 반제품
내 손으로 직접 만드는
셀프가구!

04 DIY
내멋대로 내맘대로 꾸미는
나만의 인테리어~

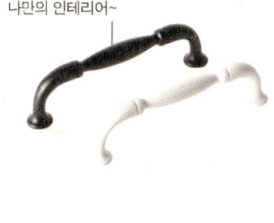

리폼라이프 페인트인포만의 EVENT!